焊缝图像处理与智能缺陷识别

昌亚胜 著

WUHAN UNIVERSITY PRESS
武汉大学出版社

图书在版编目(CIP)数据

焊缝图像处理与智能缺陷识别/昌亚胜著 . —武汉：武汉大学出版社,2024.2(2025.2 重印)
　　ISBN 978-7-307-24287-6

　　Ⅰ.焊…　　Ⅱ.昌…　　Ⅲ.图像处理—应用—焊缝—表面缺陷—识别
Ⅳ.TG441.3

中国国家版本馆 CIP 数据核字(2024)第 017138 号

责任编辑：鲍　玲　　　责任校对：李孟潇　　　版式设计：马　佳

出版发行：**武汉大学出版社**　　(430072　武昌　珞珈山)
　　　　　(电子邮箱：cbs22@ whu.edu.cn　网址：www.wdp.com.cn)
印刷：武汉邮科印务有限公司
开本：720×1000　1/16　印张：12.75　字数：205 千字　插页：1
版次：2024 年 2 月第 1 版　　2025 年 2 月第 2 次印刷
ISBN 978-7-307-24287-6　　定价：45.00 元

序

　　作为先进的制造技术和材料成型技术，焊接在船舶、高铁、汽车、核能、压力容器、石化、航空航天等行业和领域有着不可替代的重要作用。采用各类焊接技术制造这类高端和重大复杂结构时，如何保证焊接质量，对于结构的安全服役是十分重要的。焊缝缺陷的识别，是保证焊接质量的最后环节。由于结构中存在焊缝缺陷而未能检查发现而造成重大事故的例子屡见不鲜。

　　焊缝射线检测技术，成像分辨率高、直观性好、通用性强、环境适应性较强，在焊缝质量探伤检测方面是不可替代的。但是，依靠传统的人工目视方法对焊缝射线图像进行判读，效率低、主观性大、无法长时间连续工作，更多地依赖于工作人员的经验。随着信息技术和人工智能技术的飞速发展，采用机器视觉、图像处理、模式识别和深度学习等方法，对焊缝射线图像进行数字化处理并对其信息进行智能化识别，具有重要意义和实际应用价值。

　　本人1982—1984年在哈尔滨工业大学焊接专业攻读硕士学位期间，曾见证了吴林老师和计算机专业的师生合作，当时是利用MZ-80微机系统，采用树枝分类法对焊缝X光片上的气孔、夹杂、裂纹等缺陷进行计算机识别。吴老师等人的研究结果发表于1984年《焊接》第8期，并在1985年10月世界无损检测大会上做了报告与交流。时间已经过去了四十余年，现在已发展到信息与人工智能时代。采用信息与人工智能技术，实现焊缝射线检测的自动化与智能化，仍是亟待解决的关键问题。

　　苏州城市学院昌亚胜老师在西安交通大学机械工程学院读博期间，开始研究数字化焊缝射线图像中的关键信息提取和自动识别问题，针对焊缝射线检测中存在的问题，提出了新的解决方法。在博士生毕业之后，他仍继续在该领域开展研发工作，积累了较丰富的经验。他结合自己多年的研究，写成此书，认真总结和梳理了焊缝射线检测自动化与智能化方面的研究进展，介绍了焊缝射线图像柱面投影方法、小波增强与相位对称性相结合的焊缝射线图像增强方法、基于频域滤波的文本字符提取方法与识别方法、焊缝射线图像相似度评估方法等，最后展望了下一步该领域的研究重点。

相信该书的出版，将有力促进焊缝射线检测行业技术水平的提升，为实现焊缝射线检测的自动化与智能化提供技术支持。

山东大学教授

美国焊接学会会士（AWS Fellow）

国际焊接学会会士（Fellow of IIW）

2024 年 6 月

前　　言

本书通过对图像处理、深度学习、焊接缺陷识别理论系统专业的描述，将焊接缺陷识别和图像处理结合起来，并作为一种数学工具应用到制造过程中。

焊缝射线检测技术因其直观性和通用性好，成像分辨率高，环境适应性较好等原因，已广泛应用于核电、造船、石油化工等行业的焊缝缺陷检测作业中，在工业生产中有着不可替代的作用。然而，传统基于人工目视的检测方法存在着主观性强、效率低下、无法长时间连续工作等问题，而目前解决这一问题的有效方法是利用机器视觉对焊缝射线图像进行数字化处理并对其信息进行智能化识别。近年来，图像处理以及深度学习等技术的普及与发展也推进了射线检测技术向数字化方向转变，但焊缝射线检测技术仍面临着四个迫切需要解决的问题：第一，数字化焊缝射线图像的缺陷自动识别问题；第二，基于人眼视觉的数字化焊缝射线图像增强问题；第三，数字化射线图像的存储与检索效率低下的问题；第四，作业人员的现场管理问题。而解决这四个问题的核心即为对数字化焊缝射线图像中关键信息的提取与识别。

本书针对核电、化工、造船等重要领域的焊缝射线检测过程中所面临的实际问题和需求，以焊缝射线底片数字化图像为研究对象，解决焊缝射线检测中的缺陷自动识别问题，基于人眼视觉的图像增强问题，射线图像的数字化存储、检索问题，现场监督、管理问题。以提高焊缝射线检测效率为目标，针对当前焊缝射线检测行业中存在的一些实际问题和不足，提出了一些新的观点和相应的解决方法。本书的主要研究内容和创新工作可概括如下：

焊缝缺陷的自动识别一直都是焊缝射线检测的核心问题之一，通常一个焊缝检测项目将产生数十万张射线图像，而其中有缺陷的仅为 5% 左右。本研究利用图像行向量的负无穷范数作为特征值构建了图像的特征曲线，将焊缝的缺陷筛选问题转化为特征曲线的二分类问题。针对特征曲线的噪声及传统深度学习方法容易陷入局部最优解的问题，采用高斯低通滤波器取代传统深度信念网络输入层的策略来对特征曲线进行识别和分类。实验案例表明该方法能够高效地探测出有缺陷的焊缝射线图像。

筛选出的有焊接缺陷的射线图像中存在一定数量的小尺寸缺陷目标，然而传统基于深度学习的语义分割方法在小尺寸缺陷目标识别上具有一定的局限性。为此本研究提出了基于柱面投影的方法，以提升缺陷目标在图像中所占的比率。进一步为保证语义分割网络在实际应用中的性能，引入了扩张卷积，以提升对小尺寸细节特征的提取能力，进而提升焊缝缺陷识别的准确率。本研究通过分析模型的输出响应，揭示了焊缝射线图像中缺陷的误识别与语义分割网络架构中Softmax层的熵热图的强相关性的规律。并基于此分析，进一步研究了条件随机场在降低焊缝缺陷语义分割误识别率中的应用。最后，应用目前已公开的焊缝射线图像数据库验证了本方法在焊缝缺陷识别方面的实用性和优越性。

尽管焊缝缺陷的自动识别可以有效地辅助检验人员对焊接缺陷的评定，但在目前的技术条件下，对焊缝缺陷的判定仍必须由人来决定，针对目前焊缝图像增强方法对人眼视觉的针对性不强的问题，本书提出了基于小波增强与相位对称性相结合的焊缝射线图像增强方法（Wavelet Enhancement and Phase Symmetry，WEPS）。本研究利用B样条小波对焊缝射线图像去噪，并对其进行纹理特征增强。接着在基于Log-Gabor小波对处理后的图像进行分析的基础上，计算多个尺度和方向下的对称相位并对其求和，以此获得最终的增强图像。基于实验和仿真数据进行的对比验证，说明了该方法的有效性。

对数字化射线图像归档、检索的效率是影响射线检测技术效率提升、成本降低的另一重要因素。而其中的关键即为对射线图像上焊缝属性信息的提取与识别。为弥补现有积分投影方法在字符检测方面的不足，本研究充分考虑了字符与焊缝在频域变换后的特性，采用基于频域滤波的方法对焊缝射线图像中文本字符进行检测与提取。针对提取出的字符的倾斜与粘连问题，分别采用基于Radon变换的改进算法和基于等高线原理的粘连字符分割算法，对其进行矫正与分割。最后，利用卷积神经网络对矫正和分割后的字符进行识别。实验数据验证了本书方法的有效性，能实现对焊缝射线图像中文本字符的提取与识别，从而提升了数字化焊缝射线图像的存储、归档和检索的效率。

　　针对小径管焊缝射线图像的相似性度量问题，本书深入分析了小径管双壁双影成像的特性，利用焊缝高出焊接管材边缘的特征，通过计算点与拟合直线距离最大值的方法，对焊缝区域进行分割。针对焊缝以及焊缝与底材熔合部分，应用图像局部熵，对其纹理进行增强；最后引入 KL 散度计算两幅增强后图像的相似度，进一步的 t 检验结果验证了该方法的有效性。该方法实现了对压力管道类焊缝射线图像相似度的精确度量，从技术层面上实现了对现场作业人员的有效管理。

目　　录

第1章 绪　　论

1.1　引　　言

世间万物，以各种形态存在于我们所处的自然界中，而能为人类所感知的仅仅是很小的一部分。就拿人类最重要的感官——视觉来说，其所能侦测的波长范围也只是所有电磁波波长范围的很小一部分。我们对于自然的不断探索，就需要将无法感知的事物转化为可以感知的形态。

德国物理学家伦琴于 1895 年 11 月 8 日发现了 X 射线，用荧光粉沉积在基板上所制成的屏幕，可以将人眼无法看见的 X 射线辐射的强度分布转化为可见的。现在的射线成像检测技术就是在此方法的基础上建立起来的。射线检测（Radiographic Testing，RT）也被称作射线成像检测，它的基本原理是射线与物质之间的相互作用。首先，射线与被检测物质之间要发生相互作用，其作用的概率及结果与物质的原子序数、密度、结构等密切相关，当射线透过物质后就携带了被检测物体的成分信息（包含了缺陷、纹理、结构）。穿透物质的射线被探测器接收和处理，就可获得反映物体内部结构射线的图像，如图 1-1 所示，图中 1 至 5 分别为：缺陷、射线探测器、探测器上的图像、辐射图像、待测工件。射线被探测器接收的过程也是射线与物质作用的过程，成像检测中射线使胶片中卤化银感光就属于这一过程。

1922 年发明的金属射线照相技术，在 1925 年成功进入工业应用，射线图像检测技术至今已经过了一个世纪的发展，由于该技术具有不破坏设备和产品的结构以及能正确地显示产品内部结构的特性，已被广泛地应用于工业生产中的产品生产、制备，以及服役期内的检验。该技术的应用范围横跨了整个产品的生命周期，尤其从 20 世纪 70 年代开始，随着我国对核电领域加大投入，以及民用和军用舰船的不断下水，射线图像检测技术都为这些装备的平稳运行提供了可靠的保障，也为国民经济的健康发展作出了巨大的贡献。

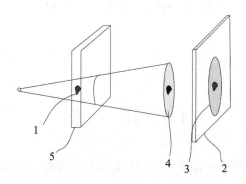

图 1-1　缺陷射线检测原理图

射线检测技术从 1925 年首次进入工业应用，到目前已经发展成为以先进数字技术为特征，包含射线照相检验、射线实时成像检验和射线层析检测等多种技术的无损检测手段。其中在工业检测中有较大影响的是计算机化的射线检测技术（Computed Radiography，CR）和数字射线成像技术（Digital Radiography，DR）。CR 和 DR 具有射线图像数字化，存储、传输便捷和辐射剂量低等优点，但目前在我国的应用范围远不如传统的胶片的射线检测，这主要是由于这两种技术的空间分辨率和环境适应性要低于胶片，这三种技术的性能对比如表 1-1 所示。

表 1-1　　　　　　　　　　　　射线底片、CR、DR 性能对比

技术指标	射线底片	CR	DR
空间分辨率（lp/mm）	5~7	2.8~3.2	3.6~4.8
成效效果	优	良	优
焊缝缺陷检测	优	有伪缺陷[1]	有伪缺陷[2]
备注	空间分辨率为每毫米能分辨的黑白相间的线对的个数[1]		

表 1-1 的对比数据表明传统的射线底片检测技术在焊缝射线检测领域对于 CR、DR 仍具备无法替代的优势。其较高的成像分辨率对于焊缝缺陷这样的小尺寸目标具有较高的检出率且不会产生伪缺陷。因此，对射线底片的探索和研究仍是焊缝射线检测领域关注的重点。

近年来随着工业生产机械化、信息化水平的进一步提高，传统的胶片成像射线检测技术在检测效率和检测成本方面已无法满足当前行业的需求，主要表现在：检测周期偏长、人工评片依赖于个人经验、底片保管困难、底片难以共享、无法长时间持续工作等。近年来，计算机技术、图像处理以及深度学习等技术的发展与应用，加快了传统焊缝射线检测技术向数字化、智能化方向的转变。为了实现传统射线检测胶片的数字化存储、检索、共享，远程评片，缺陷的智能化识别等，必须先对射线检测胶片进行数字化，为此国内外学者都对此进行了深入研究。在硬件设备方面，国内外目前也都有商品化的产品问世，国外的有通用、柯达等公司的射线底片扫描仪，国内虽然起步较晚，但是抓住了我国近二十年经济飞速发展的机遇，核电、造船、石化等相关行业迅猛发展也促进了射线底片扫描仪硬件的技术更新。

在硬件方面目前国内与国外并没有太大的差距，各有所长，国内设备针对性较强（焊缝检测）、成像分辨率高。比较成熟的商业化产品有：上海宏达检测设备有限公司的 HD-3000 工业底片扫描仪和台湾全友的 MII-900 Plus，如图 1-2 所示。

目前国外的主流产品有美国的 Array 2095HD 和 GE FS50B，这两个产品的黑度范围较大（0.05~4.7D），具有较高的人机工学设计，且产品可靠性高，成像质量稳定，如图 1-3 所示。

数字化扫描仪等硬件是采集图像的工具，目前相关的技术比较成熟，已被广泛应用于多个领域的焊缝质量管控，但是目前焊缝射线检测技术仍面临着制约其效率提升的瓶颈问题，主要表现在以下几个方面：

（1）人工评片主观性大，依赖于作业人员的主观经验，且人员无法长时间工作。

（2）焊缝射线图像信息模糊，多噪声，缺陷相对尺度较小，低对比度等特性使其不利于人工评片，进而导致可能的漏检。

(a) MII-900 Plus（全友）   (b) HD-3000（上海宏达）

图 1-2　国内商品化的射线底片数字化扫描仪

(a) Array 2095HD   (b) GE FS 50B[3]

图 1-3　国外主流的射线底片数字化扫描仪

（3）图像归档、检索效率低下。

（4）现场作业人员造假，缺乏有效的技术性监管手段。

为解决上述问题，提高焊缝射线检测的效率，以及实现射线检测的自动化与智能化，国内外学者开始研究基于图像的焊缝缺陷智能化检测方法、射线图像中文本字符的识别技术、基于人眼视觉的图像增强技术，以及焊缝射线图像的相似度评估方法。

1.2　国内外研究现状

本书将针对焊缝射线图像的缺陷探测与分类、射线图像基于人眼视觉的增

强、射线图像中文本信息的提取和识别、管道类焊缝射线图像相似度评估等数字
化焊缝射线图像中关键信息的提取与识别进行研究和探索，下面将国内外相关研
究情况进行简要阐述。

1.2.1 焊缝缺陷识别的研究现状

焊缝缺陷的自动识别是提升焊缝射线检测效率的关键性因素，传统的缺陷识
别流程为先对射线胶片进行数字化，然后进行图像预处理、图像降噪、特征提取
和缺陷识别。例如：佟彤等提出了一种基于监督的目标过渡区域阈值分割方
法[4]。该方法首先对图像的灰度范围进行估计，然后引入模糊子集理论，提出了
一种兼顾灰度变化与频率变化的阈值分割的方法，实现对焊缝区域的提取；
Yan[5]等利用纹理特征对缺陷进行特征提取，提出了一种局部二值模式来探测焊
缝缺陷，最后利用支持向量机对焊缝缺陷进行分类识别，一定程度上解决了缺陷
的检测与分类的问题。该类方法的每一步都有不同程度的信息损失且针对性较
强，因此实用性并不高。

受神经网络和深度学习等技术兴起的影响，焊缝射线检测在 21 世纪初也得
到了快速发展，因为对这些技术的应用，焊缝缺陷的自动化识别也取得了一定成
就。例如：Sang 等对预处理后焊缝射线图像检测并提取特征，通过数据增强的方
法扩充样本，引入 Faster R-CNN 来对缺陷进行分类，取得了一定的效果[6]。Hou
等开发了一种基于深度卷积神经网络的模型，直接从射线图像中提取深度特征，
且考虑了不同焊接缺陷类型数量的不平衡问题，采用重采样的方法对非平衡数据
进行重采样，该方法在有限范围内取得较好的效果[7]。

比利时根特大学和俄罗斯顿河国立技术大学的研究者们于 2019 年提出了一
种结合卷积神经网络和支持向量机的方法，来检测焊接接头的主要缺陷[8]。卷积
神经网络用于初级分类，支持向量机用于精确定义缺陷边界。实验结果表明：与
纯 CNN 方法相比，该方法具有较高的检测效率，但是该方法并没有对缺陷的类
型进行分类和识别。

埃及曼苏尔大学的研究者先使用形态学运算和维纳滤波来增强图像质量；接
着使用特定的滤波器对某一类型缺陷进行检测与分割，该方法对非水平形状的缺
陷实现了接近于 100% 的识别准确率[9]。

印度 Chitkara University 的学者于 2021 年采用改进的各向异性扩散法和改进的 Otsu 法对输入焊缝射线图像进行平滑和分割，并提出了一种多类支持向量机技术对焊接缺陷进行分类，其实验数据表明其分类准确率最高达到了 97%[10]。

稀疏表示的方法也被引入焊缝的射线检测中，例如：上海交通大学的 Benzhi Chen 于 2018 年受人工视觉检查机制的启发，收集了大量正常的射线图像，构建超完备字典，利用稀疏重建抑制缺陷区域，通过计算测试图像与其重建图像之间的差分图像，以实现焊缝缺陷区域的检测，经过验证该方法在检测圆形缺陷（如夹渣、气孔）具有一定的效果，对于与焊缝区域具有类似结构的裂纹、未焊透等缺陷仍具有较低的检出率，因此该方法具有一定的局限性[11]。

基于射线图像的焊缝缺陷识别一直是国内外学者们研究的热点，学者们一直希望找出一种可以自动识别焊缝缺陷的方法，将人从重复的劳动中解放出来，但是由于射线图像的特殊性，其噪声高，信息模糊，缺陷相对尺度较小、形状不规则等原因[12]，传统的基于手工特征或浅层学习的方法只能在特定的检测条件或先验知识下识别焊接缺陷[13]，其实用性较有限。近年来，基于深度学习的语义分割技术的飞速发展，也推动着该研究向前进步，不断有新的应用被引入射线图像的缺陷探测与识别中[11, 14-17]，在特定的场景中也取得了较好的效果，但仍然有其各自的局限性，离实际应用还有较长的距离，其中的典型代表有：

北京工业大学的 Zhihong Yan 教授于 2020 年针对不同的焊缝检测场景和不同尺度的缺陷，提出了建立尺度与灰强度参数空间的方法，然后根据焊缝的射线检测标准和射线图像的属性，自动限定参数的取值范围，并设计了针对不同尺度图像的缺陷的筛选和融合算法。该方法对多尺度缺陷区域的提取具有较好的效果，但是并没有解决焊缝缺陷的分类问题，同时他也建议，引入深度学习及语义分割方法对缺陷进行分类，且该方法可用于缺陷图像的数据标记[18]。

郑州大学的 Lei Yang 于 2021 年为解决多尺度焊缝缺陷的定位问题，引入了深度学习语义分割网络架构，并对其进行改进：在编码器和解码器之间增加了跳跃连接（Skip Connection）。该方法在对焊缝缺陷的定位上取得了较好的效果，但是同样没有解决焊缝缺陷类型的识别问题[13]。

虽然基于射线图像的焊缝缺陷识别技术近十年来取得了快速发展，但是由于射线图像的噪声高，信息模糊，缺陷相对尺度较小、形状不规则的特性，以及焊接形状、材料、结构的多样性，使得焊缝缺陷类型分类识别的准确率仍然难以满足工业检测的需求。从目前的研究情况来看，基于深度学习的语义分割技术在焊缝射线检测领域仅仅在焊接区域提取中有初步的应用研究，对于最关键的焊缝缺陷识别尚未有成果，同时，尚未有学者提出一套适用于焊缝射线图像语义分割网络架构以及焊缝缺陷的分类标签数据。

1.2.2 射线图像增强的研究现状

为了确保焊接的质量以及问题的可追溯性，焊缝射线图像必须由人来作最终的判定[19, 20]，人眼评定主观性大、一致性差，且评片人员的经验、情绪等因素都有可能对评片进行影响，导致判定结果的不稳定；现场评片人员工作环境恶劣，需在暗室环境下长时间工作，不断切换的观片灯强光源极易引起视觉疲劳，从而引起可能的错报漏报，为安全生产埋下了巨大的安全隐患。业内学者的普遍观点是基于设备的安全运行和人员生命财产的安全，以人工智能为基础的焊缝缺陷的自动化识别技术可以辅助检验人员快速判定焊缝缺陷，但最终的判定必须由人来做，因此基于人眼视觉焊缝射线图像增强是一项重要的研究课题。

由于射线成像过程中电气噪声、射线的散射、人员操作等多种因素的影响，使得数字化焊缝射线图像与普通灰度图像存在较大的差异性，其具体表现为灰度、对比度较低；含有较多的噪声；细节模糊，使得很多细节特征人眼无法观察到，因此需要对焊缝射线图像进行增强处理，以提高射线图像的质量和视觉效果。由于焊缝射线图像是被测物体质量评价的基础，因此增强的目标是适于人眼观察、不引起细节失真、不丢失图像细节，以避免漏检和伪缺陷产生。

伴随着射线检测技术的发展，射线图像增强也一直是该领域内的焦点。早在20 世纪 70 年代末期，日本学者藤田勉等用射线图像分析物体缺陷时，就提出用最小二乘法对射线图像的灰度分布图进行曲线拟合，然后与原图进行相减的方法来增强缺陷信息。1987 年德国 Daum. W. 等提出了基于图像分割和对比度拉伸的方法来针对焊缝缺陷进行增强的方法[21]。Cherfa. Y. 等于 1998 年提出了基于直方图规则化的灰度射线图像处理方法，该方法虽然对全局进行增强处理，但容易在图像的灰度较为平滑的区域产生块状阴影。

近年来，随着机器视觉的发展，大量新的算法和改进的算法也不断地应用于射线图像的增强。

2004年，埃及高等技术学院的 H. I. Shafeeka 在开发针对燃气管道的焊缝缺陷检测设备时，开发了针对射线图像的增强算法。该方法先使用直方图拉伸和直方图均衡化，对图像的细节特征进行增强，并且提升了图像的对比度，使射线图像灰度值均匀分布，再使用均值滤波器对图像进行整体降噪。该方法可以有效地对焊接射线图像进行适合人眼视觉的增强。但是由于中值滤波本身的特性，不可避免地也会失去图像本身的特征信息。使用直方图机械式的拉伸和均衡也会隐藏焊缝缺陷，使之不容易为人眼所辨别[22]。

印度理工学院的 Rathod Vijay R. 在2011年提出一种针对不完全穿透类型的焊缝缺陷的射线图像增强方法，该方法同样是先采用直方图均衡化、噪声滤波等图像增强技术对焊缝图像进行处理，然后使用一个有效的边缘检测器，如 Canny 算子来检测缺陷的边缘，这些边缘被进一步用来作分割图像的边界。接着使用形态学方法中的膨胀和腐蚀来对射线图像进行分割。最后将分割后的图像叠加在原图像上，以达到图像增强的目的。该方法可以清晰地识别出不完全穿透型缺陷，但是该方法的本质是对射线图像进行分割，只对缺陷部分进行增强，实际检测操作中真正有缺陷的焊缝射线图像只占非常小的比例。并且该方法的适用范围也仅针对某一特定类型的射线底片，只在某一领域内有较好的效果[23]。

Gharsallah 等在2016年提出了先对射线图像目标区域进行提取和分割，然后使用各向异性扩散的算法对射线图像的特征区域进行增强，该方法取得了不错的效果，但是其仍然需要对射线图像进行分割，不能全局地对图像进行增强，这也使增强后的图像失去了图像的其他信息[24]。

伊朗原子能科学研究院的 Movafeghi. Amir 在2017年提出一种基于概率解释的稀疏编码模型来实现对焊缝射线图像的增强，该方法可以对射线图像进行全局增强，对焊缝细节特征也有较好的增强效果，但是同时也增加了图像的噪声，使得图像背景部分相对模糊[25]。

2017年西安交通大学机械工程学院的姜洪权副教授提出了一种基于色调、饱和度强度（Hue, Saturation and Intensity，HSI）颜色空间和像素自变换的焊缝图像自适应伪彩色增强方法。该方法的原理是，先将原始射线图像的像素值进行像素自变换，将像素自变换后的函数值赋给 HSI 颜色空间中的 HSI 分量，然后，根据原始图像的强度自适应调整增强图像的平均强度为 0.5（色调范围和间隔可以根据个人习惯进行调整），最后，将自适应调整后的 HSI 数值转换到红、绿、蓝三色空间中，并将其以伪彩色进行显示。该方法的核心是将灰度图转换为更适合人眼感知的伪彩色图，以达到对射线图像增强的目的，但是该算法也是仅针对分割后的焊缝图像进行的增强，而非针对全局图像[26]。

突尼斯大学的 Chiraz 在 2018 年提出了一种基于 Gabor 滤波器和 Canny 检测器的分割方法来检测焊缝的空隙类缺陷[27]。该方法分为两个步骤：第一步，先用高斯滤波对图像进行降噪，以提高图像的质量，再对图像进行对比度拉伸；第二步，用 Canny 算子对图像进行边缘检测，再用 Gabor 滤波器对焊缝气孔类缺陷进行增强。该算法使用从水管类工件收集来的射线图像进行验证，取得了不错的效果。但是该方法与文献[28]一样也是使用分割后的射线图像作为研究样本。

2019 年伊朗伊玛目霍梅尼国际大学的 Effat Yahaghia 发明了 GFANT 算法对射线图像进行增强，该算法利用小波响应在复域的阈值化可以保证图像中重要相位信息不被破坏，通过对图像的小波响应统计量自动确定对焊缝射线图像的去噪阈值，以达到增强对焊缝射线的目的。采用该算法增强后的图像对比度明显优于原图，并且能够有效地保持图像的精细结构。但是该算法也是通过分割后针对焊缝区域进行的增强，并非对图像全局进行增强[29]。

由于目前查阅到的文献的增强方法几乎都是针对分割后射线图像进行的增强[30]，也就是说这些方法是只针对人工分割后的焊缝区域进行研究的，但是将焊缝从射线图像中提取出来本身就是目前需要解决的问题，而目前提取的准确率并不高。因此目前方法普遍存在实用性较低和鲁棒性需要提升等问题，并不能解决本书所涉及的问题。基于此，本书对焊缝射线图像基于人眼视觉的增强展开研究，以期能使人眼可以直接观察图像的全部信息，将人原本不可感知的信息转化为人可以感知并可以判定的信息，且不用对图像进行任何人为的分割预处理。

1.2.3　射线图像文本信息识别的研究现状

射线检测技术经过近几十年来大规模的应用，已经产生巨量的射线胶片，这同时也需要大量的财力和人力来存储这些胶片，因此对目前这些焊缝射线胶片数字化后的归档和检索是急切需要解决的问题。而解决这一问题的关键就是对焊缝射线图像文本信息的提取与识别。由于焊缝射线图像成像过程的特殊性，造成焊缝图像中字符与焊缝灰度值区间交叉重叠，且边缘模糊、灰度对比度较低；字符在射线图像中的字体不统一、大小也可能不尽相同，也并非成行成列整齐地排列，也可能会出现不同程度的倾斜，也有可能出现多个字符粘连在一起，甚至其在图像中也没有固定的位置，如图 1-4 中虚线框标示的区域，这些特性使得焊缝射线图像文本字符自动识别不同于车牌识别、门牌识别、光学字符识别等具有明显特征和规律的文本字符识别。因此，基于计算机视觉的焊缝射线图像文本字符自动识别是一项非常有价值并且富有挑战的研究，需要对其开发具有针对性的焊缝射线图像字符识别算法。

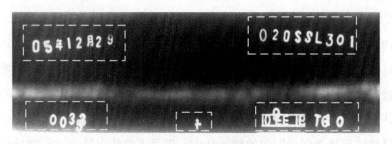

图 1-4　典型的焊缝射线图片

目前对于射线底片文本信息的识别和检索的研究国内一直走在该领域的前列。在 21 世纪初，湖南大学的唐圣学就提出了一种基于模板匹配和神经网络的 X 射线底片编号的定位分割和识别方法[31]。该方法先对射线图像在垂直方向进行积分投影，利用投影的数值特征对编号字符进行分割，然后使用 BP 神经网络对分割后的字符进行训练和识别。该方法实现了对射线底片中的模糊的和低质量的编号字符的定位分割和识别，识别率可达 92%，识别时间在 1 秒钟以内。该项目当时得到了国家核能开发项目（项目编号：B030206）的支持。但是该方法也有其局限性，因为积分投影的关系，当投影横穿焊缝时，焊缝两侧字符会出现交叉堆叠，因此不能对焊缝两侧的字符进行分割和识别。且该算法也只能对一串字符进行有效的识别，当焊缝射线图像中包含多串字符时，该算法无法对其进行有效的分割和识别。而在实际的射线检测中，大部分的射线胶片是包含多串字符的。

近十年来，深度学习、人工智能的一日千里的发展也带动了字符识别的飞速发展，字符定位识别最早可追溯到 1929 年德国科学家 Tausheck 提出来的光学字符识别技术（Optical Character Recognition，OCR）。OCR 相关的研究在 20 世纪六七十年代已经在全球范围内展开，该技术主要用在书本、报纸、期刊等印刷字体的识别上。汉字的 OCR 识别最早是由 IBM 的 Casey 和 Nagy 提出的。我国 1986 年的"863"计划将汉字的检测识别纳入其中，从而将汉字的字符识别推向新的阶段。2011 年，我国首次举办了著名的文档分析与识别国际会议（International Conference on Document Analysis and Recognition，ICDAR），该会议在业内具有举足轻重的地位，会议的举办也推动了我国在该领域研究向前发展，促进了与国外的学术交流。字符识别技术也不断向其他领域扩展，手写字符和少数民族文字的识别等研究也在不断地向前推进。每一个领域内的应用都有其自身的特点，字符的特征提取和分割也需要与其自身特点相对应的算法。这些不同领域内的应用目前统称为自然场景文本的检测和识别，这也是当前的热点。在自然场景图像中，包含了丰富的文本语义信息，如通过分析道路指示牌上的文字，可以了解当前所处的地理位置；通过分析自然场景中的公告牌，可以获得更多有价值的信息，例如：通过分析商品外包装上的文字，可以获取商品的信息以及注意事项。此外，工业界对自然场景中的文字识别也有着极大的需求。目前，场景文本检测已成为计算机视觉领域的热门研究课题，吸引了国内外众多的研究机构与学者参与进来，并对其展开深入研究。

2004 年英国萨里大学的 J. Matas 针对极值区域的仿射不变性，提出了一种有效的基于最大稳定极值区域的快速检测算法。该算法可以有效地检测出文本信息，但是对于灰度值与背景接近的图像不能有效处理[32]。

同样在 2004 年日本鸟羽商船高等专门学校的 Nobuo Ezaki 提出了一种有效的基于边缘检测的文本字符检测算法[33]。该算法首先对输入图像进行金字塔分解，然后对各分解图像分别进行彩色边缘检测、二值化及形态学处理；其次将各子图的检测结果进行合并得到文本的准确位置。该算法在 ICDAR 2003 的数据库上进行了性能测试，结果表明文本字符的颜色和大小对该算法的影响较小，说明该算法具有较好的鲁棒性。但是该算法经过本人验证也只是针对字符边缘比较清晰的文本有效，而对于边缘比较模糊的焊缝射线图像字符，效果则较差，几乎无法将焊缝区域与文本字符区域有效地分割。

2012 年，Neumann 提出了一种端到端的实时场景文本定位与识别方法。通过将字符检测问题转换为一种有效的序列选择，在一组极值区域中进行序列选择，获得了较好的实时性。该算法具有很强的抗模糊能力，但是背景噪声依然对其影响较大[34]。

2014 年，北京科技大学的 Xucheng 团队提出了一种准确、不依赖于文本方向的自然场景图像文本检测方法[35]。该方法利用最小正则化变异的特性提取出最大稳定的极值区域作为候选字符。采用单链路聚类算法将候选字符对象分组为文本候选对象，采用一种新的自训练距离度量学习算法自动学习距离权值和聚类阈值。利用字符分类器估计非文本对应的文本候选的后验概率；利用文本分类器剔除非文本概率高的候选文本，并对其进行识别。该算法在 ICDAR 2011 数据库中进行验证，具有较好的效果。该算法在多语言、街景、多方向甚至原生数字数据库上的实验，也取得了非常好的效果，但是该算法同样对图像的对比度比较敏感。

2015 年，华中科技大学的 Zheng 利用自然场景文本行上下结构相似的特点，创造性地实现了对场景文本的有效检测[36, 37]。该算法设计了一个具有对称性的模板，通过该模板获得文本区域的自相似度与区分度，即上半部和下半部的对称性、文本区域的上半部与背景的差异、文本区域的下半部与背景的差异等特征。并使用该模板在不同尺度下对图像进行扫描图像，通过其响应得到对称的中心点，在得到对称中心点后通过文本的高度和连通性得到候选区域。与传统的文本检测方法所采用的手工设计的特征所不同的是，该算法使用了卷积神经网络（CNN）进行后续处理。文本行级检测方法能有效地减少单个文本检测失误所带来的负面影响，该算法其实也是通过对连通区域进行分析来检测文本字符的。但该方法对文本行的边缘检测结果以及边缘对称性较敏感。

2016 年，中国科学院深圳计算机视觉与模式识别重点实验室的 Tian 首次将 RNN 引入场景文本检测当中，使用 CNN 得到深度特征，然后使用固定宽度的 Anchor 来检测文本建议区域，将同一行 Anchor 对应的特征输入 RNN 进行分类，最后将正确的文本建议区域进行合并，该算法得益于使用子块对文本进行表示，因此该算法在一定程度上也能解决文本倾斜变化的问题，但是其对字体的大小比较敏感[38]。

2019 年，北方工业大学的肖柯团队提出一种基于边缘增强的最大稳定极值区域（MSER）检测方法[39]，该算法可在强光和背景模糊的条件下提取 MSER，通过几何特征约束条件高效地过滤明显的非 MSER，得到高质量的候选 MSER。然后使用提出的中心聚合方法对分割成多个 MSER 的候选中文文本域进行文本的聚合，使得候选区域成为单个候选的中文文本分量，最后对这些分量进行分析，并运用机器学习的方法对这些文本进行识别分类。该算法能够较有效地提取出自然场景图像中的中文文本。该算法其实是对 MSER 算法的改进和应用。该课题得到了国家重点研发计划项目（项目编号：2017YFB0802300）的支持。

从理论上讲，以上各种方法在各自的应用领域都取得了较好的文本检测的效果，但是都还存在一些缺陷。使用边缘特征能够快速地检测出文本区域，但是当背景复杂时会带来很多噪声，这往往增加了后续算法处理的难度。同时，在对文本和非文本区域进行识别时，如何提取有效区分文本和非文本信息的特征也是文本检测的一个难点。在焊缝射线图像中文本信息与焊缝以及基材的对比度并不大，基于最大稳定区域的 MSER 及其改进算法并不适用于焊缝射线图像，该算法要求目标与背景有着较大的对比度。而基于连通区域的算法，由于射线图像的字符信息边缘模糊，也很难适用。

目前针对焊缝射线图像的文本信息检测与识别研究，主要存在以下几个方面的难点：

（1）焊缝射线图像的背景复杂，不同部位工件的射线图像背景特征也不同，文本部分与背景的对比度也有较大的差异。

（2）信噪比低使得文本信息提取难度较大，提取的文本字符边界精度较低，受噪声的影响，文本字符边界会出现大量毛刺，且文本字符部分的字体大小、位置、倾斜角度没有统一的规律性，可能造成错误识别。

（3）文本部分的灰度值与焊缝部分的灰度值很接近，几乎交叉重叠，且都为连通区域，这大大增加了检测与识别的难度。

（4）部分字符因为作业人员的操作不当，导致相邻的字符交叉重叠在一起，形成粘连字符。

（5）目前还没有针对焊缝射线图像的文本字符的字符库，需要建立相应的字符库，增加训练样本，并开放给相关研究者，让更多的学者参与进来，以便对此有更具针对性的研究。

1.2.4　小径管焊缝射线图像重复片检测研究现状

射线图像检测是目前使用最广泛的焊缝缺陷检测与评估的手段，尤其对管道焊接质量的检验与评估起着不可或缺的作用。而管道中的小径管因其长期在高压、潮湿、腐蚀、粉尘、震动等恶劣环境中运行，其焊接的质量直接影响设备的安全运行。因此本书依据企业反馈和其实际面临的问题，针对小径管的重复片问题展开研究。小径管一般是指外径小于等于 100 mm 的管子[2, 19]，在发电、石化等行业有着十分广泛的应用，主要用作可燃气体、蒸汽、燃料、反应物料的输送和热交换，其中很大一部分运行在高温、高压及腐蚀介质的工况下，此类管道的焊缝一旦发生泄漏或爆裂，将会带来巨大的损失[40]。

目前，在石油化工、电站锅炉中受到高温高压双重作用的小径管要求做 100%检验。而小径管一般排列紧密，尤其是管与管并排处空间非常狭小，如图 1-5 所示，企业在对小径管的焊缝进行射线检测时，发现现场作业人员存在以容易检测处的焊缝图像冒充检测困难处的焊缝图像的现象（以下对小径管的该问题统一称作"重复片问题"），企业也对此极其担忧，因为这意味着其他难以检测的焊缝没有被检验到，该焊缝的质量将失去管控。该行为具有极其严重的安全隐患，将产生无法预估的损失。因此，通过技术手段来识别重复片，是一项急切需要解决的问题。该问题的解决将从技术层面上实现对现场作业人员的有效监管，降低石油、天然气等压力输送管道因焊缝质量而引发的安全事故的风险。

重复片问题，是极其恶劣的质量安全问题，将会为安全生产埋下隐患，给国民经济和社会稳定带来无法预估的损失。因此，必须从技术上对其进行管理和监督，从根本上杜绝此类问题的发生。而由于射线检测最终的输出是焊缝射线图像，因此，基于图像特征的重复片检测是最直接的、行之有效的检测方法。

国内外对重复片的研究相对较少，且研究主要集中在国内，如河南大学的张帆、史潇婉团队提出了使用 SIFT（Scale-Invariant Feature Transform）方法来统计重复片特征点的相似度[41]，但是 SIFT 算法计算量较大，耗时较长，实用性并不

图 1-5　汽轮机系统中难以被检测的管道类焊缝

高；同时该团队也从射线图像上的标记信息进行分析，检测其是否有重复的标记信息，来确定是否为重复片，该方法对非管道类的焊缝射线图像具有一定的效果，但是由于管道焊缝图像的特殊性，导致其图上并没有相应的标记信息，因此该方法在压力管道类的焊缝射线图像重复片检验中的实用性还有待提升。

针对重复片问题的研究，目前主要集中在我国，其核心问题是图像相似度的评估。但是由于射线图像为投影成像，重复拍摄后射线图像结构大多已发生变化，基于结构相似度的算法很难适用于焊缝射线图像重复片的检测。目前该问题的难点是重复片样本较少，且该行为的发生比较隐蔽。因此建立一套统一的、完整的重复片样本库，并以此来检验算法的有效性是该问题解决的前提，也是目前国内研究者们工作的重点。

1.3　本书主要研究内容

本书针对核电、化工、造船等涉及国民经济健康发展和人民生命安全的重要领域的焊缝射线检测过程中的实际问题和需求，以焊缝射线底片数字图像为研究对象，以解决射线图像的数字化存储和检索问题，提高焊缝射线检测的效率为目标，并针对当前焊缝射线检测行业中存在的一些实际问题和不足，提出了一些新的观点和相应的解决方法。

本书所使用射线图片大部分来源于企业提供的典型焊缝射线图像，以及智利天主教大学的 Domingo 教授公开的射线图像数据集 GDXray，该数据集的"焊缝"

系列来自德国柏林联邦材料研究与测试研究所，共有 88 张有缺陷焊缝射线图像，其中 10 张为缺陷标签图像。这些图像是使用 Lumisys 公司的 LS85-SDR 扫描仪扫描焊缝胶片获取的，并进一步通过对图像进行与光学胶片密度成正比的线性变换，将原始收集的图像从 12 位图像变换到 8 位图像。所有必要的缺陷信息仍在 8 位图像中，像素大小为 40.3mm（630dpi），图像为未压缩的 TIFF 格式[42]，如图 1-6 所示。

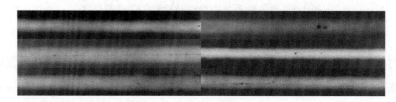

图 1-6 GDXray 中的部分图像

在此基础上，本书主要对以下五个方面做了探讨：

1）焊缝射线图像的缺陷探测与筛选

通过前期调研，一个大型无损检测项目将产生数十万张甚至更多的射线图像，而其中有缺陷的射线图像仅占约 5%。这使得检测人员的大部分时间和精力集中在无缺陷的焊缝射线图像上，因此通过计算机视觉对焊缝射线图像进行缺陷探测与筛选，使检验人员精力集中在有缺陷的检测目标上，将极大地提升射线检测的效率和准确率。

2）基于射线图像的焊缝缺陷自动识别

由于焊缝射线图像具有噪声大，背景起伏，缺陷尺寸相对较小等特点，焊缝射线图像的缺陷识别，也一直是工业无损检测中的难点和研究的热点，也是制约着射线检测效率的关键。近年来，随着人工智能技术的发展和应用，焊缝缺陷的智能化提取与识别取得了飞跃式的发展，但是在实际检测与应用过程中却很难真正发挥作用，存在着多种多样的难题。这主要是因为缺陷的形态、方向、位置和大小等性质的不确定性，以及噪声等因素的干扰，使得检测很容易产生误判和漏检。目前射线焊缝缺陷自动识别算法还难以完全替代人工检测，识别算法准确率与鲁棒性的提升将有助于人对焊缝缺陷的快速判定。

3）基于人眼视觉的射线图像增强技术

由于射线图像的成像特点，导致其图像具有低对比度、低灰度、细节模糊等特点。而这些特点使其不利于基于人眼视觉的检测，容易造成错误的判定，并且长期在这样的工作环境下也不利于检测人员的身心健康。例如：在观片灯的强光环境下，极易产生视觉疲劳，无法满足职业健康的要求。而传统的灰度值线性、非线性拉伸算法并不能针对射线图像中细节模糊的特点进行有效增强，因此对数字化焊缝射线图像基于人眼视觉增强的研究，紧迫且必要。

4）数字化焊缝射线图像中文本字符的识别技术

传统的射线底片利用牛皮纸袋包装，并在纸袋上注明项目编号、成像日期、零件编号等相关属性信息，保存于恒温恒湿环境中，但当需要对射线胶片进行分析和追溯时，面对数百万张胶片，查找和检索是一项相当艰巨的工作。虽然射线图像的数字化在一定程度上缓解了胶片存储的压力，但是其相关属性信息仍然是人工输入的，而这些信息原本就存在于图像上，因此提升射线图像归档与检索效率的关键就是对射线图像上的文本信息进行自动化识别。

5）小径管焊缝射线图像相似度评估技术

由于射线检测现场作业中很多是以工作量作为考核目标的，而现阶段射线检测工作人员素质又相对较低，这就导致有工作人员为了满足工作量的考核，对容易检测的焊缝进行多次检测，而对难以检测的焊缝不进行检测，这就是重复片问题。该行为具有非常严重的安全隐患，很多燃气管道的安全事故也都是由焊缝处的燃气泄漏导致的。该行为导致焊缝失去射线检测的质量监控，为国民经济的安全可靠发展埋下了非常严重的隐患。因此，从技术上对焊缝射线检测现场作业人员的作业监管是迫切需要解决的问题，而这其中行之有效的办法就是对焊缝射线图像的相似度进行评估。

本研究所采用的射线图像检测技术方案如图 1-7 所示，该技术方案主要分为以下八个步骤：第 1 步，对焊缝图像类型进行判定，如果是管道类射线图像则对其进行重复片判断；第 2 步，对焊缝射线图像进行缺陷图像筛选，对有缺陷的图像进行缺陷分类，并对其进行重构输出；第 3 步，对焊缝射线图像文本信息部分进行基于频域滤波方法的字符检测和提取；第 4 步，对文本区域字符进行分割提取后，建立焊缝图像文本字符数据库，为后续的研究提供必要的素材；第 5 步，对字符图像进行倾斜校正和粘连区域分割，使用深度卷积神经网络对文本信息进行识别，并将其作为射线图像的属性信息与射线图像进行对应，进而存储、归档，以作为将来图像检索的数据源；第 6 步，对焊缝区域进行定位，并对其展开初步的小波增强，降低图像的噪声，以提高图像的对比度；第 7 步，将步骤 6 得到的图像与原图进行融合，并对其进行基于人眼视觉的增强；第 8 步，将步骤 5 和步骤 7 得到的文本信息和增强图像整合显示并输出。

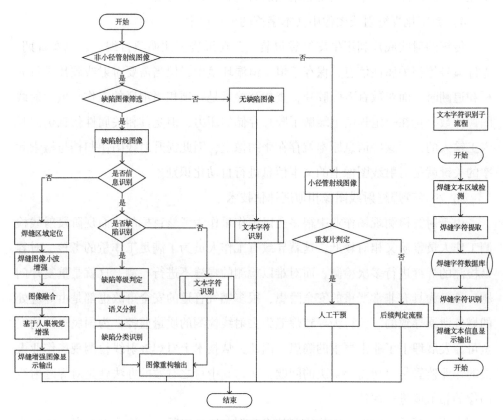

图 1-7　焊缝射线检测技术方案

第2章 基于无穷范数的焊缝
缺陷探测方法的研究

2.1 引　言

大型焊接项目，如油气输送管道的射线检测将会产生数十万张焊缝射线图像，焊接技术的不断进步，使焊接质量也得到大幅度的提升，一般有缺陷的图像只占总图像的5%左右，该比例在核电装备行业为1%～1.5%[43]。也就是说作业人员的大部分时间和精力浪费在没有缺陷的焊缝检测工作中，长时间重复、疲劳的检测工作也将降低作业人员的检测敏感度，反而使真正的焊缝缺陷没有被准确识别出来。如果能够准确、高效、自动地筛选出有缺陷的焊缝射线图像，使作业人员只针对筛选出的有缺陷的图像进行检测和判定，将会大大提升焊缝射线检测的效率。因此，将有缺陷的焊缝射线图像从大量的图像中筛选出来，也就是高精度地探测出射线图像中是否有缺陷的存在，是解决该问题的核心。

本章依据某汽轮机制造企业在实际生产作业中面临的问题，针对焊缝射线图像中的缺陷探测问题展开研究。首先对焊缝射线图像中缺陷的特征展开分析，提出了基于无穷范数的缺陷特征提取模型；其次分析了高斯滤波函数对特征曲线噪声抑制的影响；最后基于所提出的特征曲线构建了基于深度信念网络改进的深度学习网络架构用以探测和筛选有缺陷焊缝射线图像，同时也构建了焊缝射线图像缺陷分级评价模型。

2.2　缺陷焊缝射线图像的特征分析

焊缝射线图像一般具有很大的长宽比，如图 2-1 所示，因此为了便于分析和降低计算机的运算负荷，本书将射线图像等比例地分割为 n 段，对每一段进行单独分析，任一段中检测出缺陷，即认为原焊缝射线图像为有缺陷的图像，将其筛选出来。

一般获取的完整的焊缝射线图像，包含有文本字符和焊缝区域两部分，如图 2-1（a）所示，为了消除文本字符以及标记信息对缺陷探测的影响，需要对图像进行预处理，即提取出焊缝区域，但是焊缝射线图像由于其图像对比度低、多噪声、焊接区域与背景边界模糊等原因，使得该问题本身就是业内研究的热点和难点。例如：基于图像灰度分布轮廓的方法，用基于阈值的算法对焊缝区域进行分割[14, 15]，这些方法在图像边缘清晰、焊缝和背景对比度较强且噪声干扰较少的图像中，能够获得较好的效果，但在实际焊缝检测作业中，焊接区域和背景部分的灰度分布往往存在一定的重叠，该类方法很难准确地提取出焊缝。也有学者提出了基于视觉注意特征的方法，利用聚类结果从背景中提取焊缝轮廓，但是该方法对初始参数的设定依赖性较强，稳定性较差[44]。同时以上方法都不可避免地使焊缝的热影响区被破坏或被去除掉，如图 2-1（a）所示区域，而在实际中，热影响区确实有可能存在缺陷，并对焊接质量产生影响[45]。

基于以上分析，本书在图像预处理阶段使用基于频域滤波的办法对文本字符进行检测与定位[46]。关于该算法将在本书第 5 章作详细介绍。按照国标和相关行业标准的要求图像上字符和标记信息不能与焊缝区域（包括热影响区）交叠[19, 47]，因此，将检测到的字符定位，以其最接近焊缝区域的坐标对图像进行裁剪即可实现对焊缝区域的提取，该方法可以最大限度地保留热影响区域的缺陷，使之不会因为被裁切掉而失去对焊缝质量的管控，图 2-1（b）即为使用该方法提取出的焊缝区域。本书提出的缺陷图像探测步骤如图 2-2 所示，其核心主要包括特征向量提取、高斯高频滤波和特征曲线二分类这三个部分，同时这三个步骤也是针对分段图像进行的（图中虚线框所示）。当分段图像探测完成后，其结果返回原图即可实现对射线图像缺陷的探测。

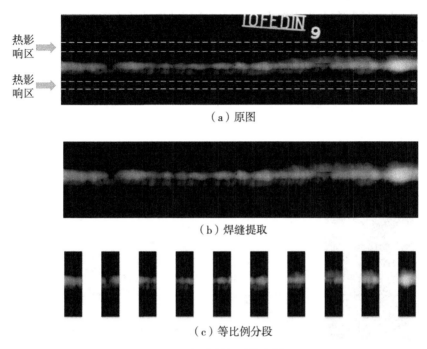

（a）原图

（b）焊缝提取

（c）等比例分段

图 2-1 焊缝射线图像分割

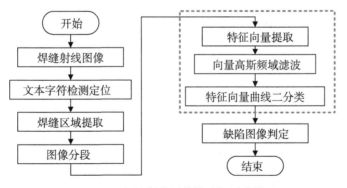

图 2-2 焊缝射线图像缺陷探测步骤

本书从企业用户的数字化射线图像数据库以及智利天主教大学的 Domingo 教授公开的焊缝射线图像数据库 GDXray[42]中随机抽取了 300 幅图像（包含数字化射线底片和 DR 图像），并对其进行缺陷特征分析，总结出数字化焊缝射线检测图像具有以下特点：

（1）由于缺陷存在于焊缝中，使得整个焊缝区域的物质对射线的衰减系数产生了不均衡性，使其在图像中产生了局部畸变，这也导致其横向投影轮廓具有不规则形状的特点，如图 2-3 所示：图中缺陷部分的灰度值突然降低使其破坏了焊缝曲面的平顺结构，其特征曲线呈现不规则性。

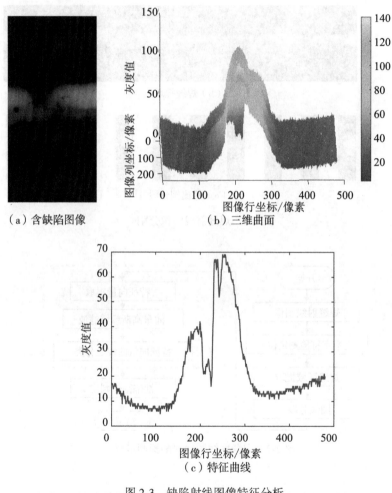

（a）含缺陷图像　　　　　　（b）三维曲面

（c）特征曲线

图 2-3　缺陷射线图像特征分析

（2）对于没有缺陷的焊缝射线图像，所有横穿过焊缝的列灰度轮廓将呈现出具有一定局部波动的高斯分布特征，如图 2-4 所示，平顺的焊缝曲面使其特征曲线呈现出典型的高斯曲线特征。

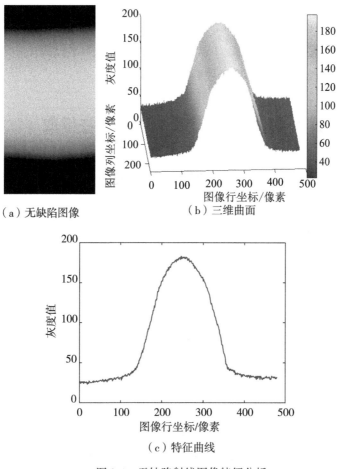

（a）无缺陷图像　　（b）三维曲面

（c）特征曲线

图 2-4　无缺陷射线图像特征分析

（3）数字化射线底片图像中除了夹钨缺陷，其他在样本中发现的缺陷的灰度值都低于焊缝区域的灰度值，而 DR 焊缝图像则相反，样本中发现的缺陷部分的灰度值都高于焊缝部分的灰度值。

（4）在对图像进行分段时，发现当分割后的图像的宽度为 350～480 像素时，可以很好地体现出图像中缺陷的特征，又不会产生因为焊缝的轻微弯曲而导致的特征丢失问题，本书最终将分割的图像的宽度值定为 400 像素。因此一张射线图像的分割段数，可由下式确定：

$$n = \left\lceil \frac{w}{400} \right\rceil \tag{2-1}$$

式中：w 为图像的宽度；n 为图像的分割段数；$\lceil\ \rceil$ 为 ceil 函数表示向上取整数。

　　基于以上分析，由于每张输入的焊缝射线图像的分辨率可能存在一定的差异性，本书统一将分割后射线图像尺寸归一化为 480×240。

2.3　基于无穷范数的图像特征提取

　　设分割后的图像为大小为 $m \times n$ 的矩阵，则图像中每一行可视为一维向量：

$$\boldsymbol{X} = \{x_1,\ x_2,\ x_3,\ x_4,\ \cdots,\ x_n\} \tag{2-2}$$

则向量的 p 范数定义如下[48, 49]：

$$\|\boldsymbol{X}\|_p = \left(\sum_{i=1}^{n} |x_i|^p\right)^{\frac{1}{p}},\quad p = 1,\ 2,\ \cdots,\ n \tag{2-3}$$

对其求极限即可获取无穷范数：

$$\lim_{p \to \infty} \|\boldsymbol{X}\|_P = \lim_{p \to \infty} \left(\sum_{i=1}^{n} |x_i|^p\right)^{\frac{1}{p}},\quad 1 \leqslant i \leqslant n \tag{2-4}$$

$$\lim_{p \to -\infty} \|\boldsymbol{X}\|_P = \lim_{p \to -\infty} \left(\sum_{i=1}^{n} |x_i|^p\right)^{\frac{1}{p}},\quad 1 \leqslant i \leqslant n \tag{2-5}$$

即

$$\|\boldsymbol{X}\|_{\infty} = \max |x_i|,\quad 1 \leqslant i \leqslant n \tag{2-6}$$

$$\|\boldsymbol{X}\|_{-\infty} = \min |x_i|,\quad 1 \leqslant i \leqslant n \tag{2-7}$$

式中，$\|\boldsymbol{X}\|_{\infty}$ 为向量的正无穷范数；$\|\boldsymbol{X}\|_{-\infty}$ 为向量的负无穷范数；x_i 为向量中位置 i 的数值。

　　向量的范数其本质为衡量向量距离的大小，2-范数的计算量比较大，计算复杂度较高；而 1-范数为对向量的整体进行求和，难以体现缺陷在图像中的特殊性。例如，某行向量的整体均值较高，其 1-范数就会较高，将会掩盖其可能存在的缺陷。而与 1-范数和 2-范数相比，无穷范数计算相对简单，对缺陷较敏感，所以本书使用无穷范数来对分割后射线图像的每一行进行特征提取。具体地讲，对分割后射线图像的每一行求其负无穷范数（DR 图像为正无穷范数），并以此来作为该行数据的特征值。更进一步地讲，对图像的每一行求其最小值（DR 图像位最大值）来作为该行向量的特征值，并以此来构建该图像的特征曲线，以实现对图像的缺陷探测。图 2-3（c）和图 2-4（c）即为使用该方法获取的特征曲线。

实验结果表明，除了底片本身的划伤和底片边缘的留白，该特征模型在对缺陷图像和非缺陷图像的表达方面有较强的特征辨识力。

图 2-5 和图 2-6 即为使用无穷范数对分割后的射线图像提取的特征曲线的部分展示，从图中可以发现，由于焊接以及射线成像的特点，无缺陷的射线图像，其特征曲线呈现典型的钟形分布特征，也为高斯分布；而含有缺陷射线图像，由于缺陷破坏了图像的稳定结构，在特征曲线上就表现为对高斯分布形状的破坏。该特征曲线的本质为利用焊缝物理形态来描述焊缝的结构特征，具体地讲该曲线为焊缝曲面在水平方向投影的数学描述。

目前国内外众多学者也在利用该特征对焊缝进行分析，如法国赛峰直升机发动机公司的 Emmanuel 利用焊缝横向剖面曲线，来确定焊缝最深处的位置，以达到测量焊缝深度的目的[17]。新加坡南洋理工大学的 Vigneashwara 利用焊缝的物理外形曲线来测量焊缝的高度，应用语义分割的预测系统监测焊接轮廓几何变化，实时控制加工的参数，以实现对加工工艺的优化[16]。古巴马坦萨斯大学的 Yarens 团队利用焊缝数据的二阶导数的最大值和最小值来确定焊缝的位置以达到计算焊缝宽度和高度的目的，其本质仍然是利用焊缝的形状特征[50]。西安交通大学的党长营对焊缝图像的每一列进行分析，使用贝塞尔曲线对其进行拟合，对拟合后的曲线求其顶点的数量，以此来判定图像中是否有缺陷，该方法对焊缝图像的缺陷探测有一定的价值，但是贝塞尔曲线拟合的适应性还有待提升，过拟合容易造成误判，且对每一列的拟合分析也使得实用效率受到了限制。从图 2-5 和 2-6 中可以发现焊缝的特征曲线存在大量的噪声，这是由射线成像的特性造成的，因此在进一步分析前，需要对其进行适当的处理，以降低噪声对探测结果的影响。

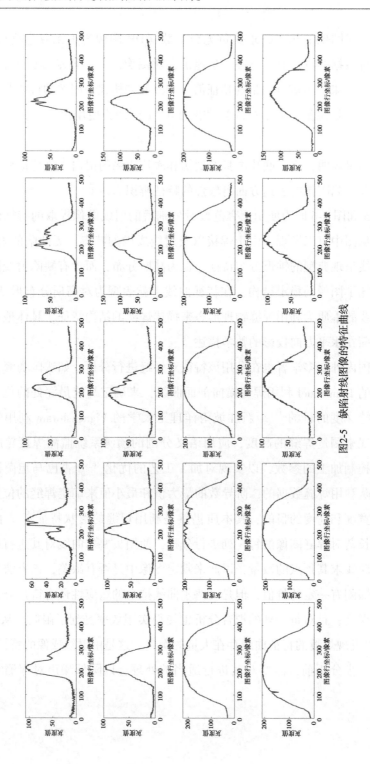

图2-5　缺陷射线图像的特征曲线

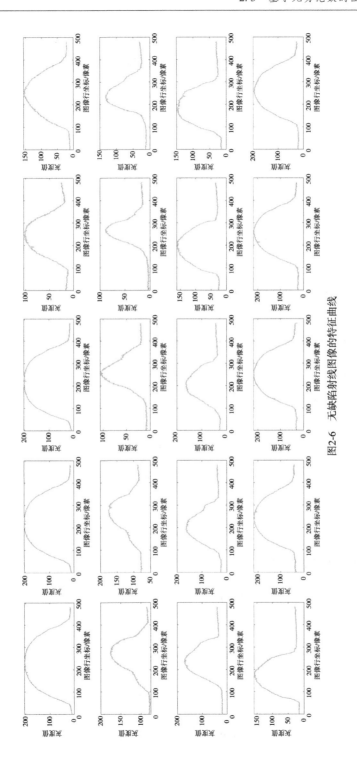

图2-6 无缺陷射线图图像的特征曲线

2.4 　射线图像特征曲线降噪滤波

本书在前期实验中使用多种数值分析工具对特征曲线进行分析，如使用拟合和逼近来对曲线进行数学表达，再用求导获取曲线顶点数量，以此来判定图像中缺陷的存在。图 2-7 即为实验拟合的结果，图中黑色点为原始数据点，线条为数据拟合曲线。由图中可以发现常用四种拟合结果并不能有效描述原始数据的轮廓趋势，有些甚至出现严重的"龙格效应"。由于射线图像中背景噪声、焊缝形态的不确定性、图像伪影、缺陷在图像中的随机性，很难用某种数值分析工具来对特征曲线进行有效的数学表达。

基于以上分析，本书提出了一种基于高斯脉冲高频滤波的算法来对特征曲线进行降噪滤波。由于无缺陷的焊缝呈现出典型高斯分布特征，有缺陷的焊缝中缺陷虽然破坏焊缝特征曲线的钟形结构，但是其大部分仍然是高斯分布特征，因此对高斯脉冲信号的分析和滤波方法将适用于本书的特征曲线。

高斯脉冲信号的数学表达式如下[51]：

$$g(t) = \mathrm{e}^{-t^2} \tag{2-8}$$

其在 $\begin{bmatrix} 0 & \infty \end{bmatrix}$ 和 $\begin{bmatrix} -\infty & \infty \end{bmatrix}$ 上的积分分别如下：

$$\int_0^\infty \mathrm{e}^{-t^2}\mathrm{d}t = \frac{\sqrt{\pi}}{2} \tag{2-9}$$

$$\int_{-\infty}^\infty \mathrm{e}^{-t^2}\mathrm{d}t = \sqrt{\pi} \tag{2-10}$$

由傅里叶变换的定义可得：

$$F(\omega) = \int_{-\infty}^\infty g(t)\mathrm{e}^{-j\omega t}\mathrm{d}t = \int_{-\infty}^\infty \mathrm{e}^{-t^2}\mathrm{e}^{-j\omega t}\mathrm{d}t \tag{2-11}$$

令：

$$t + j\frac{\omega}{2} = \upsilon \tag{2-12}$$

可得：

$$F(\omega) = \int_{-\infty}^\infty g(t)\mathrm{e}^{-j\omega t}\mathrm{d}t$$

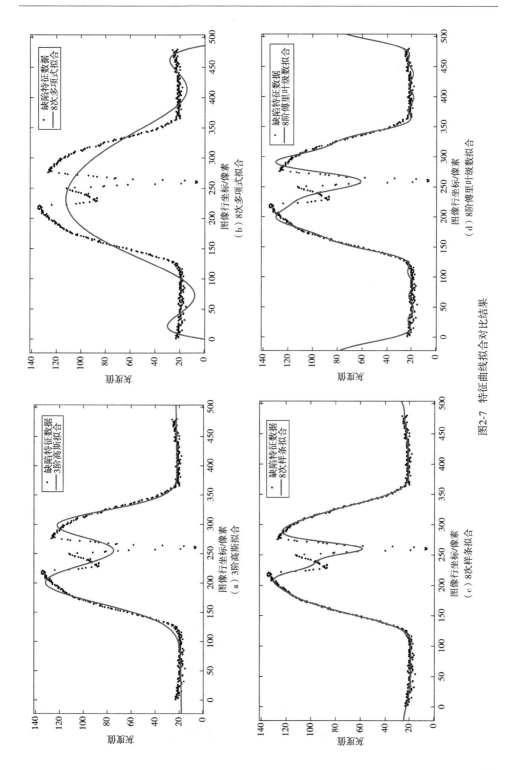

图2-7 特征曲线拟合对比结果

$$= \int_{-\infty}^{\infty} e^{-t^2} e^{-j\omega t} dt = \int_{-\infty}^{\infty} e^{-\left(t+j\frac{w}{2}\right)^2} e^{-\frac{w^2}{4}} dt$$

$$= e^{-\frac{\omega^2}{4}} \int_{-\infty}^{\infty} e^{-v^2} dv \qquad (2\text{-}13)$$

$$= \sqrt{\pi}\, e^{-\frac{\omega^2}{4}}$$

因此

$$e^{-t^2} \leftrightarrow \sqrt{\pi}\, e^{-\frac{\omega^2}{4}} \qquad (2\text{-}14)$$

由上可得高斯脉冲信号经过傅里叶变换其频谱依然具有高斯函数的形状[51]，图 2-8 即为理想状态焊缝特征曲线的频域变换的对比图，由图 2-8（b）可以发现变换后的高斯曲线主要能量都集中在低频区域，因此利用该特性可以对特征曲线进行去噪，具体地讲，特征曲线中的锯齿状噪声即对应曲线傅里叶变换后的高频部分，对曲线高频部分的滤波即可实现对曲线的噪声降低。

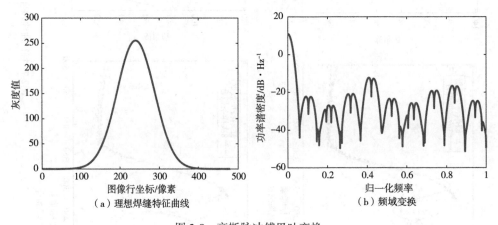

图 2-8　高斯脉冲傅里叶变换

本书选用一维高斯低通滤波器，在滤波之前将特征向量的傅里叶变换的原点移动到频域坐标下的原点处，则滤波器的传递函数为[52]：

$$H_l = C_e H(u) \qquad (2\text{-}15)$$

$$H(u) = e^{\frac{-u^2}{2\sigma^2}} \qquad (2\text{-}16)$$

式中：$H(u)$ 为高斯低通滤波函数，H_l 为滤波的频域响应，C_e 为傅里叶变换后的特征曲线，σ 为高斯滤波函数标准差。

　　从式（2-16）可以发现高斯滤波函数标准差 σ 是影响特征曲线滤波效果的关键因素。如果 σ 选得过小，则滤波效果达不到要求，数据中仍会有高频噪声；如果 σ 选得过大，则会过度滤波，破坏特征曲线的形状。图 2-9 即为选用不同 σ 对特征曲线的滤波效果。图 2-9（a）、（b）、（c）的高斯滤波函数标准差分别为：0.8，1.2，1.6；图中可以发现当标准差为 0.8 时，对于高频噪声的过滤效果并不大；当标准差为 1.6 时，曲线顶端所代表的焊缝缺陷特征被过滤掉了。经过实验验证，本书最终选定 1.2 作为本书的高斯滤波函数标准差。

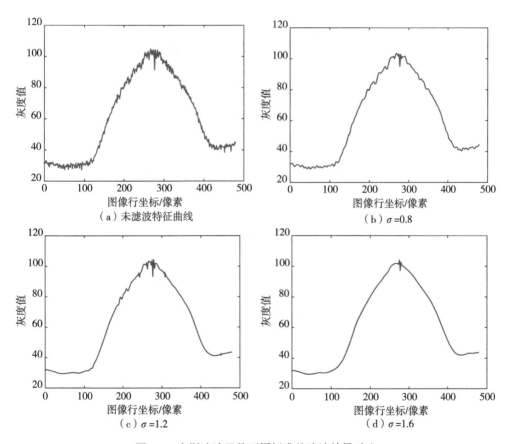

图 2-9　高斯滤波函数不同标准差滤波效果对比

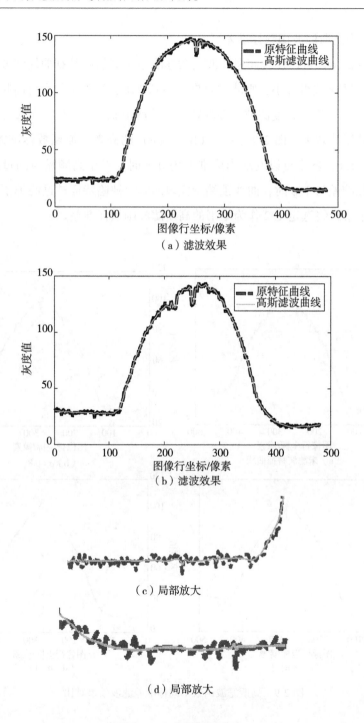

（a）滤波效果

（b）滤波效果

（c）局部放大

（d）局部放大

图 2-10   高斯低通滤波

图 2-10 即为使用高斯高频滤波的效果图，图中数据点为提取的特征向量原始数据，线条为滤波后的数据点连线。从图 2-10（a）（b）中，可以发现本书提出的方法能够满足有效的滤波降噪，同时又能准确地反映出缺陷在特征曲线中形成的对高斯曲线的破缺。图 2-10（c）（d）为（a）（b）滤波图的局部放大，从图中可以发现本书的滤波算法可以有效地对图像的背景噪声进行去除，其锯齿状波形变得光滑，降低对后续进一步分析的干扰。

2.5　基于监督学习的焊缝射线图像缺陷探测

滤波后的特征曲线，其本质为表达图像信息的特征向量，目前国内外学者大多通过求曲线的一阶、二阶导数或使用梯度上升法、梯度下降法来寻找曲线的极值点，并确定图像是否有缺陷[53]，但是不管是拟合后曲线还是滤波后的曲线都无法彻底消除由噪声带来的导数为 0 的点。因此，本书提出了基于深度学习的特征向量分类算法来解决射线图像中缺陷探测的问题，而该问题的本质是基于监督学习的样本特征曲线的二分类问题，进一步地讲就是通过监督学习来判定图像的特征曲线的高斯轮廓是否被缺陷破坏，从而识别出图像中是否包含缺陷信息。

近年来深度学习在目标识别和分类领域取得了突破性进展[54, 55]，深度学习是机器学习的一个分支，深度学习主要是利用监督信息和目标函数，自动地学习输入图像中特征的最优表达，它是一种强大的能自动提取复杂数据的高级层次性特征的学习算法[56]。深度学习同时也是人工神经网络的延续和发展[57]。经过数年的应用和研究，已发展出多种经典的网络类型，例如，感知机[58]、卷积神经网络、深度信念网络[59]和自动编解码器[60]等。机器学习是从数据中产生模型的算法，重点在"学习"，而学习的核心就是从数据中学得模型的过程，也就是通常所说的"训练"，其中分为两类，监督学习和无监督学习，其区别在于训练的时候损失函数是否需要样本的标签，有标签则学习过程为监督学习，反之则为无监督学习[61]。

本书在深入研究的基础上提出了一种基于深度信念网络（Deep Belief Network，DBN）的焊缝射线图像缺陷探测策略，与 BP 神经网络相比，该方法克服了 BP 网络因初始化权值参数而导致的训练时间长和容易陷入局部最优解，以及网络不收敛的缺点[62]。而卷积神经网络，由于其主要优势为对二维数据（图像）的分类和识别，虽然近年来也有相关学者将其引入一维信号的分析，如 Ince 等提出了 1−D CNN 方法用于对电机的故障信号进行实时检测[63]，Wen 等在 LeNet-5 的基础上提出了一种新的 CNN 框架，该框架已成功应用于电机轴承的故障诊断[64]。Liu 等提出了一种基于多尺度卷积核的 CNN 体系结构[65]，可以应用于分析多尺度变化的振动信号。然而，尽管这些基于 CNN 改进的方法可以用来诊断一维信号，但其在处理一维信号时仍然存在一些局限性。首先，CNN 是一个多层结构，因此，随着层数的增加，连续的卷积或池化运算，使得目标的特征分辨率降低，这在图像识别时因为分辨率在一定范围内的降低不会对图像的特征提取产生很大的改变，但是，一维信号与图像不同，焊缝缺陷的特征信号可能很快消失。因此，如果如此类缺陷响应信号在卷积或池化操作期间丢失，则可能会对最终的缺陷探测性能产生影响。其次，梯度下降算法及其变体广泛应用于深度网络优化（损失函数），从全局角度对所有参数进行调整，但是，由于网络中的参数数量较大，可能会导致局部最优解。因此本书为了保证缺陷探测的准确性，不再考虑以上两种方法。深度信念网络是 2006 由 Hinton 等提出的一种概率图模型[66]，它是由神经网络和多个受限玻尔兹曼机（Restricted Boltzmann Machine，RBM）堆叠组成的深层神经网络，它不仅能用来分类数据、识别数据，还可以生成数据，且数据量越多，DBN 的优势越显著。

2.5.1　受限玻尔兹曼机（RBM）

受限玻尔兹曼机是一种典型的基于能量的模型（Energy Based Model，EBM），单一的 RBM 为双层结构，分别由可见层（Visible Layer）$v = \{v_1, v_2, v_3, \cdots, v_n\}$ 和隐藏层（Hidden Layer）$h = \{h_1, h_2, h_3, \cdots, h_m\}$ 组成，可见层内单元节点与隐藏层内单元节点之间相互连接，但单元层内节点间互不相连，也就是说，层内单元间是相互独立的，该层单元的每个节点与另一层的节点相关，图 2-11 即为受限玻尔兹曼机基本结构示意图。

RBM 的能量函数模型由下式给出[67, 68]：

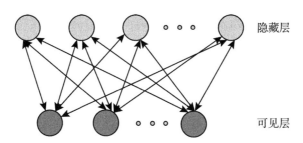

图 2-11 受限玻尔兹曼机的结构图

$$E(v,\ h;\ \theta) = -\sum_{i=1}^{n}\sum_{j=1}^{m} w_{ij}v_ih_j - \sum_{i=1}^{n} b_iv_i - \sum_{j=1}^{m} a_jh_j \tag{2-17}$$

式中: w_{ij} 为可见层与隐藏层的连接权重; a_j 为隐藏层的偏置; b_i 为可见层偏置; $\theta = \{w,\ a,\ b\}$ 为 RBM 的参数。

基于该能量函数, 可得到 $(v,\ h)$ 的联合概率分布:

$$\begin{aligned} P(v,\ h;\ \theta) &= \frac{1}{Z(\theta)}\exp(-E(v,\ h\mid\theta)) \\ &= \frac{1}{Z(\theta)}\prod_i \mathrm{e}^{a_jv_j}\prod_j \mathrm{e}^{b_jh_j}\prod_{ij} \mathrm{e}^{w_{ij}v_jh_j} \end{aligned} \tag{2-18}$$

$$Z(\theta) = \sum_v\sum_h \mathrm{e}^{-E(v,\ h;\ \theta)} \tag{2-19}$$

式中: $Z(\theta)$ 为归一化因子。

由此可得, 可见层与隐藏层的条件概率分别为:

$$P(v\mid h;\ \theta) = \frac{P(v\mid h;\ \theta)}{P(h;\ \theta)} = \prod_i p(v_i\mid h;\ \theta) \tag{2-20}$$

$$P(h\mid v;\ \theta) = \frac{P(v\mid h;\ \theta)}{P(v;\ \theta)} = \prod_j p(h_i\mid v;\ \theta) \tag{2-21}$$

由于同一层节点之间互不相连, 当隐藏层内所有节点的状态已知时, 可推出可见层节点被激活的概率 $P(v_i = 1\mid h;\ \theta)$:

$$P(v_i = 1\mid h;\ \theta) = \frac{1}{1 + \exp\left(-a_i - \sum_{j=1}^{m} w_{ij}h_j\right)} \tag{2-22}$$

RBM 采用迭代的方式进行训练, 训练的目标在于找出参数 $\theta = \{w,\ a,\ b\}$,

参数 θ 可以通过求在训练集上的极大似然函数 $L(\theta)$ 获得：

$$L(\theta) = \prod_v L(\theta \,|\, v) = \prod_v P(v) \tag{2-23}$$

对 $P(v)$ 取对数：

$$\ln P(v) = \ln\left(\frac{1}{Z(\theta)} \sum_h \exp(- E(v, \ h; \ \theta)) \right) \tag{2-24}$$

代入 $Z(\theta) = \sum_v \sum_h \mathrm{e}^{-E(v, \ h; \ \theta)}$ ，即可得：

$$\ln P(v) = \ln\left(\sum_h \exp(- E(v, \ h; \ \theta)) \right) - \ln\left(\sum_{v, \ h} \exp(- E(v, \ h; \ \theta)) \right) \tag{2-25}$$

求参数 θ 的偏导，可得出：

$$\frac{\partial \ln p(v)}{\partial \theta} = E_{P(h \,|\, v)}\left(- \frac{\partial E(v, \ h; \ \theta)}{\partial \theta} \right) - E_{P(v, \ h)}\left(- \frac{\partial E(v, \ h; \ \theta)}{\partial \theta} \right) \tag{2-26}$$

式中：$E_{P(h \,|\, v)}\left(- \dfrac{\partial E(v, \ h; \ \theta)}{\partial \theta} \right)$ 为函数 $- \dfrac{\partial E(v, \ h; \ \theta)}{\partial \theta}$ 在概率 $P(h \,|\, v)$ 下的期望值；$E_{P(v, \ h)}\left(- \dfrac{\partial E(v, \ h; \ \theta)}{\partial \theta} \right)$ 为函数 $- \dfrac{\partial E(v, \ h; \ \theta)}{\partial \theta}$ 在概率 $P(v, \ h)$ 下的期望值。

将其展开可得：

$$\frac{\partial \ln P(v)}{\partial \omega_{ij}} = \langle v_i h_j \rangle_{P(h \,|\, v)} - \langle v_i h_j \rangle_{P(v, \ h)} \tag{2-27}$$

$$\frac{\partial \ln P(v)}{\partial a_i} = \langle v_i \rangle_{P(h \,|\, v)} - \langle v_i \rangle_{P(v, \ h)} \tag{2-28}$$

$$\frac{\partial \ln P(v)}{\partial b_j} = \langle h_j \rangle_{P(h \,|\, v)} - \langle h_j \rangle_{P(v, \ h)} \tag{2-29}$$

式中：$\langle \cdot \rangle_{P(h \,|\, v)}$ 为偏导在 $P(h \,|\, v)$ 下的期望值；$\langle \cdot \rangle_{P(v, \ h)}$ 为偏导在 $P(v, \ h)$ 下的期望值。

因为 $P(h \,|\, v)$ 为样本的数据分布，故 $\langle \cdot \rangle_{P(h \,|\, v)}$ 的值容易求得；而 $\langle \cdot \rangle_{P(v, \ h)}$ 由于 $P(v, \ h)$ 为联合分布，故求解比较困难[48, 69]。通常的解决方法是采用吉布斯（Gibbs）抽样使数据在马尔可夫链中收敛，但是，该方法需采样次数极多，且训练时间也很长，实用价值并不高。基于以上分析，本书采用 Hinton 于 2002

年提出的对比散度（Contrastive Divergence，CD）算法对其进行近似求解[70]。隐藏层节点的条件概率已经由公式（2-21）给出，并采用吉布斯抽样确定隐藏层节点状态，接着计算所有可见层节点的条件概率，并再次应用吉布斯抽样确定可见层节点状态，也就是对上一个可见层节点的重构，应用最大似然函数，即可获得各参数的更新。以下即为其更新规则[71, 72]：

网络权值更新：

$$\Delta\omega_{ij} = \varepsilon(\langle v_i h_j \rangle_{P(h|v)} - \langle v_i h_j \rangle_{\text{recon}}) \tag{2-30}$$

可见层参数更新：

$$\Delta a_i = \varepsilon(\langle v_i \rangle_{P(h|v)} - \langle v_i \rangle_{\text{recon}}) \tag{2-31}$$

隐藏层参数更新

$$\Delta b_i = \varepsilon(\langle h_i \rangle_{P(h|v)} - \langle h_j \rangle_{\text{recon}}) \tag{2-32}$$

式中：ε 为训练的学习效率，$\langle \cdot \rangle_{\text{recon}}$ 为重构模型所确定的分布上的期望。

由 RBM 的结构可知，其隐藏层单元的取值为二进制并服从伯努利分布，而可见层单元的输入可以为二进制数值或实数值。基于以上，RBM 可分为两类：可见层和隐藏层都为二进制数值，即为伯努利-伯努利 RBM（Bernoulli-Bernoulli RBM，BB-RBM）；如果可见层是实数，隐藏层为二进制，则为高斯-伯努利 RBM（Gaussian-Bernoulli RBM，GB-RBM）[73]。以上分析为 BB-RBM，而 GB-RBM 的能量函数由下式给出：

$$E(v, h) = -\sum_{i=1}^{n}\sum_{j=1}^{m} w_{ij}\frac{v_i}{\sigma_i}h_j - \sum_{i=1}^{n}\frac{(v_i - a_i)^2}{2\sigma_i^2} - \sum_{i=1}^{mn} b_j h_j \tag{2-33}$$

式中：w_{ij} 为可见层和隐藏层的权重；σ_i 为可见层高斯分布的标准差；a_i 为可见层偏置；b_j 为隐藏层偏置。

对于条件概率分布的定义，GB-RBM 与 BB-RBM 相同[74]。而其联合概率分布定义为[75, 76]：

$$P(v_i|h) = N(\mu, \sigma^2)$$

$$= N\Big(\sum_{i=1}^{n} w_{ij}h_j + a_i, \sigma_i^2\Big) \tag{2-34}$$

式中：v_i 为服从均值为 μ、方差为 σ^2 的高斯分布；$N(\cdot)$ 为高斯分布。

通过以上即可构造对数似然函数，使得输入样本在所求分布下概率最大，从而求得最优的参数，详情与 BB-RBM 类似。

2.5.2　深度信念网络

深度信念网络（Deep Belief Nets，DBN）是由多个 RBM 网络堆垒而成的概率生成模型，目前主要应用在故障诊断领域中对一维数据的识别。该网络中每一个 RBM 的输入数据为低层 RBM 隐藏层的输出，由此构成一层接一层的网络结构。在 GB-RBM 模型中可见层服从高斯分布，隐藏层与传统 RBM 相同，服从二值分布，将 GB-RBM 的可见层作为数据输入，隐藏层的输出作为下一个 RBM 的输入，依此类推，连接多个 RBM，直至末尾的 RBM 隐藏层连接顶层的分类层，即构成了高斯伯努利 DBN（Gaussian-Bernoulli DBN，GB-DBN）[77]，由于传统的 DBN 输入为二值数据，无法表达焊缝射线图像的特征曲线，因此，本书在 GB-DBN 的基础上对焊缝射线图像的缺陷探测进行进一步的研究。

有监督深度信念网络的训练主要将预训练与参数微调相结合，包含无监督预训练与有监督参数微调两部分。无监督预训练主要是通过由低到高逐层训练，对网络权值参数初始化，每两层看作一个 RBM 进行训练，最终得到各层神经元之间的权值矩阵和神经元的偏置矩阵；有监督参数微调是采用由高到低逐层对网络权重参数进行微调，首先将标签数据加入网络最后一层，然后用上一步获得的参数作为初始参数采用梯度下降法由高至低反向对网络的权值参数进行调整，其过程与 BP 神经网络类似。

2.5.3　前置滤波器深度信念网络

基于以上分析，本书提出了前置滤波器深度信念网络（Gaussian Lowpass Filter based Deep Belief Nets，GLFDBN），用高斯低通滤波器取代 GB-DBN 中最下层 GB-RBM 中的可见层，即网络的输入层，其结构图如图 2-12 所示。

本书使用 BP 算法对网络参数进行微调优化，BP 算法的训练（网络调优）过程一般包括四个阶段：①数据按照输入层—隐藏层—输出层的顺序进行正向传播；②输出与真实之间误差按照输出层—隐藏层—输入层的顺序进行反向传播从而实现参数调整过程；③重复步骤①和②，如图 2-12 所示；④网络不断收敛，总体误差趋近极值[78]。

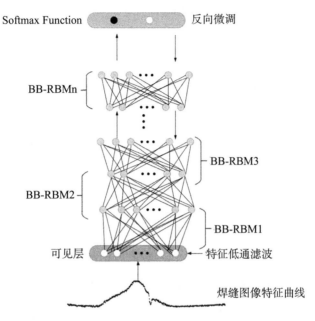

图 2-12　前置滤波器深度信念网络结构图

对于本书的特征向量 $x_i[x_1，x_2，\cdots，x_n]$，BP 算法对网络的微调过程如下：

由输入向量元素数目可得，输入层的节点数为 n，低通滤波后节点数不变，隐藏层节点数为 m，输出层的节点数为 p，可见层和隐藏层之间权重矩阵为 w_{ij}，隐藏层和输出层间的权重矩阵为 w_{jk}。

根据本书输入数据 x_i，可见层和隐藏层间权重、偏置参数即可得出隐藏层输出值：

$$h_j = \text{sigm}\Big(\sum_{i=1}^{n} w_{ij}x_i + b_i \Big) \tag{2-35}$$

由上式可推导出，隐含层和输出层间权重和偏置参数，计算实际输出值：

$$o_k = \sum_{i=1}^{n} w_{jk}h_j + b_k \tag{2-36}$$

得到实际输出数据 o_k 和真值之间的差值，即输出误差为：

$$\text{Error} = \frac{\sum_{k=1}^{m} (e_k - o_k)^2}{2} \tag{2-37}$$

本书应用梯度下降算法对参数进行更新，b_{ij}、b_k 分别为可见层和隐含层间的偏置矩阵，隐含层和输出层间偏置矩阵为[79]：

$$\begin{cases} w_{ij} = w_{ij} + \eta h_j (1 - h_j)\, x_i \sum_{k=1}^{m} w_{jk}(e_k - o_k) \\ w_{jk} = w_{jk} + \eta h_j (e_k - o_k) \\ b_{ij} = b_{ij} + \eta h_j (1 - h_j) \sum_{k=1}^{m} w_{jk}(e_k - o_k) \\ b_k = b_k + \eta h_j (e_k - o_k) \end{cases} \tag{2-38}$$

2.6　实　验　验　证

本书使用 236 张来自公开的 GDXray 数据库中的分段图像（其分段方法如本章 2.2 节所述），其中有 86 张是有缺陷的图像。150 张是无缺陷的图像。应用本书算法对其进行缺陷探测，引入混淆矩阵对本书算法和领域内其他一维向量分类算法（BP 神经网络、SVM）在特征曲线的分类方面进行对比。

混淆矩阵是通过将网络分类结果与真实标签数据进行交叉制表，混淆矩阵的主对角线为特征曲线被正确分类的结果信息，而非主对角线元素则为未被正确分类的信息（包含错误和遗漏的分类结果）[80]。由图 2-13 可以发现本书算法在焊缝射线图像的缺陷特征曲线的分类方面，明显优于领域内其他算法。

同时也用下式来计算其分类准确度，结果如表 2-1 所示，计算公式如下：

$$\text{Accuracy} = \frac{\text{Correct\_testing}}{\text{Total\_testing}} \times 100\% \tag{2-39}$$

式中：Correct _Testing 为分类正确射线凸显，Total _Testing 为测试图像总数。

表 2-1　　　　　　　　　　本书算法和其他同类算法的性能对比

算法	准确率/%
本书算法	97.46
BP 神经网络	91.53
SVM	85.17

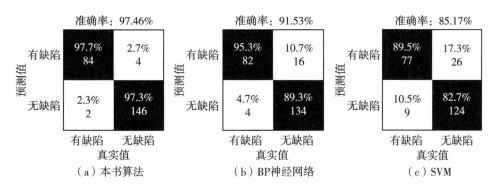

图 2-13　本书算法与领域类其他算法对比

准确度结果如表 2-1 所示，实验数据进一步验证了本书算法在特征曲线的分类方面具有明显的优势。

同时本研究为了进一步验证高斯低通滤波对分类结果的影响，分别对未滤波以及使用不同标准差 σ 进行滤波特征曲线的分类识别，实验结果表明：未滤波的数据分类结果表现最差；当滤波函数 $\sigma = 1.2$ 时，系统的识别准确率最高，为 97.46%，但是仍有 2.3% 的缺陷会被漏检；当滤波函数 $\sigma = 1.03$ 时，所有缺陷都会被检测出来，也即召回率为 100%，但是也有 8% 的非缺陷图像被误识别为缺陷图像，此时其准确率为 94.92%。其混淆矩阵如图 2-14 所示，其实验结果表明，高斯低通滤波对增加网络对缺陷图像的探测性能非常有益。当滤波函数 $\sigma = 1.03$ 时，非缺陷特征曲线中的高频噪声部分并未被较好地滤除，而被系统误识别为缺陷图像。因此，可以通过对滤波函数参数 σ 的调整，来增加系统对缺陷图像识别的灵敏度，而该方法同时也会带来系统识别准确率的降低。

此外，为了进一步验证本书算法对焊缝缺陷的提取能力，本书也将该算法与领域内最新的焊缝缺陷检测方法在同一数据集（GDXray 数据库）下进行对比，使用的图像中，有缺陷的图像为 86 张，无缺陷的图像为 150 张，其结果如表 2-2 所示。

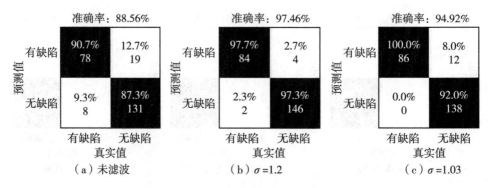

图 2-14 滤波对分类结果的影响

表 2-2 焊缝缺陷检测其他算法对比

算法	准确率/%
PCA-SVM Model[28]	90.75
ELM-Method[81]	95.45
TL-Mobile Net[81]	97.69
Xception[82]	92.5
本书算法	97.46

由上述对比结果可知，PCA-SVM Model 与 Xception 在缺陷探测准确率上稍差，其余 3 种方法的性能相当，但是 TL-Mobile Net 主要为针对小目标缺陷进行优化，因此噪声对其影响较大，而本书算法应用无穷范数对图像进行逐行特征提取，具有高效的特征提取能力，具有更强的鲁棒性。

实验结果表明，本书算法对焊缝射线图像的缺陷探测效果明显优于领域内其他算法，且鲁棒性强，能够实现对焊缝射线图像中缺陷的有效探测，为焊接质量提供保障，同时也为下一步的缺陷分类，提供了必要的筛选手段。

2.7 焊缝图像分级系统

由于本章算法是针对分割后图像进行探测的，因此最终还须返回到原图中，基于此本书创建了焊缝射线图像分级评价系统。该系统的算法步骤如下：

（1）找出图像中缺陷最多图像中的缺陷个数 n；

（2）以缺陷数量评价缺陷的严重程度，对其进行分级管理；

（3）共分为三级，其中三级为最严重，一级为图像中有缺陷；

（4）其分级公式如下，其中 x 为图像中缺陷个数。

$$l = \frac{x}{n}\% \tag{2-40}$$

$$\begin{cases} l \in [90\% \sim 1]; & 三级 \\ l \in [60\% \sim 90\%]; & 二级 \\ l \in [0\% \sim 60\%]; & 一级 \end{cases} \tag{2-41}$$

2.8　本章小结

本章在分析了焊缝射线图像缺陷特征的基础上，提出了基于无穷范数的焊缝射线图像缺陷特征提取方法，并以此生成代表射线图像的特征曲线。为了降低噪声对特征曲线的影响，引入了高斯低通函数对其进行滤波，深入地分析了不同标准差对滤波效果的影响，并给出滤波函数的最优参数。提出了一种新的基于深度信念网络的改进深度学习算法，对提取后的特征曲线进行分类识别，避免了传统方法对一维数据识别易陷入局部最优、无法收敛的缺点，使得识别的准确率达到了97.46%。实验数据表明，与传统算法相比，该算法具有显著的优势，也验证了本书算法在实际应用中的可操作性和应用价值。同时也给出了射线图像中焊缝缺陷严重度的评价模型，实现了对焊缝图像的分级管理。

第3章 基于编码-解码模型的
焊缝缺陷分割研究

3.1 引　　言

上一章提出的基于无穷范数的焊缝缺陷检测方法，其特征提取为使用无穷范数来提取图像中每一行向量的特征，可以抵御局部变形、噪声等带来的灰度变化，具有很强的鲁棒性，解决了图像中缺陷探测的问题。但无法分辨出焊缝缺陷的类型，而焊缝的缺陷类型也是评价焊缝质量的关键，因此需进一步解决焊缝缺陷类型识别的问题，以实现对工业生产中焊缝质量的全面监测与管控。

本章在分析焊缝射线图像特征的基础上，结合本领域前人的研究，将语义分割引入焊缝射线图像的缺陷识别中，提出了基于语义分割的焊缝缺陷识别算法。该方法针对射线图像中存在的噪声高，信息模糊，缺陷目标相对较小、形状不规则（如图 3-1 所示）等识别难点提出了以下策略：

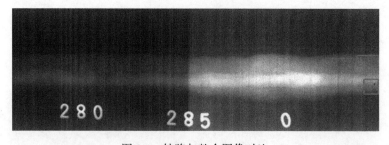

图 3-1　缺陷与整个图像对比

为了解决目前语义分割网络对小尺寸缺陷目标识别的局限性问题，对焊缝射线图像进行柱面投影，以提升缺陷目标在图像中的比例；在网络架构中引入空洞卷积，使得小尺度目标的特征在网络中得以保留；针对误识别问题，引入条件随机场，进一步提升语义分割网络架构的识别准确率，在一定程度上解决了焊缝缺陷识别中存在的"超大图像"中小尺度缺陷目标的识别问题。

本研究参考红外图像中对小尺寸目标的定义，将焊缝射线图像中小尺寸目标定义为：目标所包含的像素数与所在图像的所有像素数的比例小于 0.12%[83, 84]。因此，在本书所使用的归一化后 480×240 图像中，小尺寸目标即为小于 138 像素的单个缺陷目标。

3.2 焊缝缺陷类型及特征描述

依据中华人民共和国国家标准《金属熔化焊接头缺欠分类及说明》（GB/T 6417.1—2005）的定义[85, 86]，焊接缺陷（welding defect）为超过焊接接头中因焊接产生的金属不连续、连接不良或不致密现象所规定限值的现象。依据标准，在对焊接接头质量进行评定时，将焊接缺陷主要分为五个类别：裂纹、未焊透、未熔合、夹渣、气孔，其在射线图像中主要呈现出以下特征：

（1）裂纹缺陷：表现为笔直或弯曲延伸且粗细不等的线条，在射线图像中表现为细长的灰度值较低的细线。裂纹是危害性较大且比较常见的焊接缺陷，主要是由焊接过程中局部的不均匀加热和冷却导致的，由于在裂纹尾端是应力承载的集中点，因此其也是造成结构断裂的主要原因。

（2）未焊透缺陷：主要是由于母材金属之间没有熔化导致焊缝材料没有进入焊接接头的根部而造成的，未焊透缺陷对焊接接头的影响较大，大大降低了接头处的机械强度，同样容易导致焊接结构的开裂。在射线图像中表现为与焊缝平行，且灰度值较低的线条。

（3）未熔合缺陷：是指焊缝母材之间或焊缝与母材金属之间未能完全熔合在一起，常出现在焊缝坡口的一边或两边，其在射线图像中同样表现为灰度值较低的线条。

（4）夹渣缺陷：是指焊接时熔渣残留或非金属杂质在焊缝金属中所形成的缺

陷，这些熔渣或杂质都是焊接时冶金反应的产物。其轮廓大多不圆滑，分布表现为单个或密集群状态。在射线图像中表现为不规则块状或点状的灰度值较低的区域。

（5）气孔缺陷：是指在熔化焊接过程中，外界侵入的气体或焊缝金属内的气体在熔池金属冷却凝固前未能及时逸出，而残留在焊缝金属表面或内部形成的空穴。其轮廓较为圆滑，没有固定的位置，在射线图像中表现为灰度值较低的圆形或椭圆形点状区域。

由上述分析可以发现，裂纹、未焊透、未熔合三种缺陷，在射线图像中表现较为接近，且这三种缺陷都对焊接接头的质量影响较大，都为国家标准 GB/T 3323—2005《金属熔化焊焊接接头射线照相》所规定的Ⅰ、Ⅱ、Ⅲ、Ⅳ级焊接接头所不允许的缺陷[87]，该标准所规定的焊接质量分级标准详情如表 3-1 所示。因此，本书为了研究的准确性和可靠性，将这三种缺陷统一定义为"裂纹类"缺陷。

表 3-1　　　　　　　　　　　　焊接接头质量等级[87]

焊接质量分级	等 级 要 求
Ⅰ级焊接接头	应无裂纹、未焊透、未熔合金和长条形缺陷
Ⅱ级焊接接头	应无裂纹、未焊透、未熔合缺陷
Ⅲ级焊接接头	应无裂纹、未融合缺陷以及某些焊接中的未焊透
Ⅳ级焊接接头	焊接接头中缺陷超过Ⅲ级者

目前对焊缝射线图像中缺陷目标识别的研究，主要有两种呈现方式：

（1）只对图像中的缺陷部分进行识别，而不管图像中的其他区域，如焊缝、背景部分等，因此这类研究的输出结果只有两种类别：即缺陷部分和非缺陷部分，并不会对缺陷的类型进行识别。

（2）对图像中的所有信息进行识别并分类，并将不同类的信息标注为不同的类别，最后对图像中的每一个像素按所属的类别进行分类，并输出。

第一种情况显然没有考虑缺陷的多种类型，因此并不适合本书的基于缺陷类型的研究。而第二种情况考虑了缺陷的类型，同时也加大了焊缝射线图像标注的人力成本。本书在研究过程中，为了标注的准确性，用近 3 个月的时间对 936 张射线图像进行逐像素的标注，如图 3-2 所示。本书的主要目标为解决焊缝缺陷的分类问题，因此图像中焊缝区域以及母材背景区域并非本书关注的对象，因而本书将焊缝区域与母材背景统一归为一类，并以"背景"命名，结合本节之前的分析，焊缝射线图像中所有像素被分为四类：分别为背景、夹渣、气孔以及裂纹。

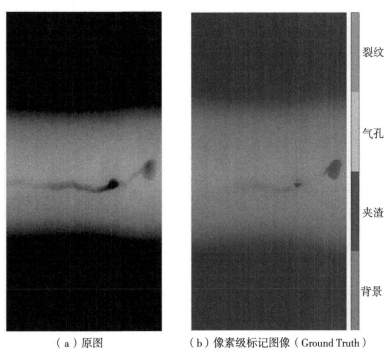

（a）原图　　　　　　（b）像素级标记图像（Ground Truth）

图 3-2　标记图像

本书使用来自东方汽轮机厂某型汽轮机的焊缝射线图像和 Domingo 教授公开的焊缝射线图像数据库 GDXray 进行分析和研究[42]。在前期对其进行分析和标注研究时，发现其图像中各类别间的像素分布极不平衡，例如：背景类占图像所有像素的 98.2%，其他各类加起来的总和占总像素的 1.8%，其中小尺寸缺陷目标占缺陷总数量的 37%。其分布如图 3-3 所示，表 3-2 展示了其各类所占像素的总数。像素的分布不平衡，将影响小尺寸缺陷目标的分类准确度，这也是焊缝射线图像的特点使然，该特性加大了焊缝缺陷分类的难度，也导致焊缝缺陷分类准确度一直无法大幅提升。

表 3-2　　　　　　　　　　　　　焊缝射线图像中缺陷类别对比

类别	像素数
背景	84963470
夹渣	977462
气孔	242011
裂纹	702322

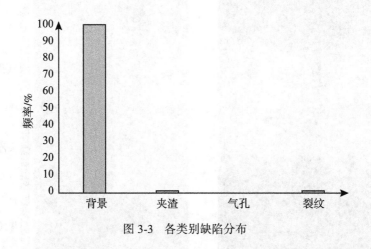

图 3-3　各类别缺陷分布

目前基于深度学习的语义分割技术，不管是 FCN、SegNet 还是 U-Net，都对机器视觉的向前发展起到了较大的推进作用，但是目前的分割技术依然存在两个问题没有得到很好的解决：

（1）图像在多次连续池化操作后，其特征图的分辨率在不断降低，导致语义分割后的图像中小尺寸目标丢失，且部分像素的空间位置信息也被丢失。

（2）图像的上下文信息（image context）未能得到有效的考虑，图像中丰富的空间位置信息未能得到充分的利用，导致全局特征与局部特征的利用率不平衡。

以上两个问题，对小尺寸目标识别的影响尤为严重，典型语义分割算法及其改进算法对图像中小尺寸目标的识别具有一定的局限性，也不可能对无限小的目标进行精确识别[88, 89]。

基于以上分析，本章从三个方面入手，对焊缝射线图像的缺陷分类展开研究，分别如下：

（1）应用柱面投影变换提升焊缝射线图像中缺陷部分在图像中所占比例。

（2）提升语义分割网络对小尺寸缺陷目标识别的准确率。

（3）引入条件随机场进一步提升语义分割识别的准确率。

3.3 焊缝射线图像柱面投影变换

通过对本书第 2 章筛选出的有缺陷的焊缝射线图像分析可知，焊缝和缺陷部分位于中间部位，越靠近图像的上下边缘，其缺陷存在的概率越低（如图 3-3 所示）。而由于焊缝射线图像的特性（噪声高、信息模糊、缺陷相对尺度较小、形状不规则），很难有适应性较强的焊缝区域提取算法来对焊缝进行精确提取，且能不破坏焊缝的热影响区域。

本书在研究过程中受卷曲的书本的启发，提出了一种基于柱面投影的焊缝射线图像变换方法，以提升缺陷部分在图像中的所占比例。该方法将焊缝射线图像投影到柱面上，达到突出缺陷部位，抑制非重点关注的背景部分的目的，其具体方法如图 3-4 所示。

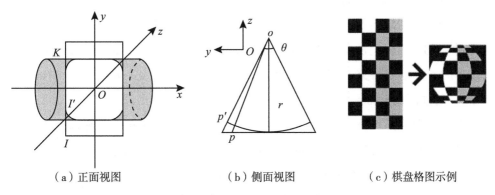

（a）正面视图　　　　　（b）侧面视图　　　　　（c）棋盘格图示例

图 3-4　图像圆柱投影原理图

设圆柱体的半径为 r，原始图像的宽度为 W，原始图像的高度为 H，投影角度为 θ，从图 3-4（b）中可以得出，投影图像的高度 $H' = 2 \times r \times \sin(\theta/2)$，投影图像的宽度不变，仍然是 W。p 为焊缝射线图像 I 上的一点，设其坐标为 (x, y)，柱面上对应投影点的坐标为 (x', y')，则可得到柱面投影的变换公式：

$$\begin{cases} x' = \dfrac{W}{2} + \dfrac{r(x - H/2)}{\sqrt{r^2 + (y - H/2)^2}} \\ y' = r\left[\arctan\left(\dfrac{H}{2r}\right) + \arctan\left(\dfrac{x - H/2}{r}\right) \right] \end{cases} \tag{3-1}$$

式中：$r = \dfrac{H}{2\tan(\theta/2)}$。

同理，也可以对柱面投影图像进行反投影变换，由公式（3-1）进行反向推导，即可得

$$\begin{cases} x = \dfrac{W}{2} + \dfrac{(x' - W/2)\sqrt{r^2 + (y - H/2)^2}}{r} \\ y = \dfrac{H}{2} + r\left[\tan\left(\dfrac{r'}{r} - \dfrac{\arctan(H/2r)}{2}\right) \right] \end{cases} \tag{3-2}$$

式中：$r = \dfrac{H}{2\sin(\theta/2)}$。

因此，柱面投影图与原图具有精确的数学对应关系，二者可以相互转换。经过多次实验，本书选择的投影角度 $\theta = \pi/1.35$，可以有效地抑制背景部分的信息量，且可以保留缺陷部分的细节特征。图 3-4（c）即为棋盘格图应用该角度进行圆柱投影的对比图，从中可以清晰地了解图像中各部位在柱面投影后的对应关系。图 3-5 是本书研究所用的焊缝射线图像和其相应的人工分类标签（Ground Truth）的柱面投影的示例。

图 3-5 中，（a）（b）（c）（d）从左至右分别为：本书第 2 章筛选出的有缺陷焊缝射线图像（原图），原图的柱面投影，原图对应的人工标记，人工标记的柱面投影。由图 3-5 以发现位于图像中间部位的焊缝及缺陷部位得到了突出显示，而背景部分则得到了抑制，缺陷目标在图像中的占比得到了显著提升。进一步的实验数据表明，圆柱投影后图像中缺陷部分在图像中所占的比例平均提高了 2.1 倍，焊缝区域在图像中的占比提升至平均 96%。

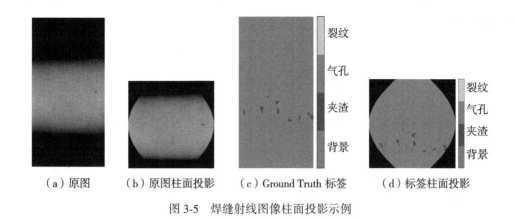

（a）原图　　（b）原图柱面投影　　（c）Ground Truth 标签　　（d）标签柱面投影

图 3-5　焊缝射线图像柱面投影示例

3.4　基于深度学习的语义分割网络架构

近年来，由于大数据分析技术的发展和计算能力的提高，基于深度神经网络的语义分割模型得到了很大的发展。它可以直接对原始图像数据进行处理，并通过网络训练自动发现和提取高层次的图像特征。与传统的机器学习算法相比，该算法避免了人工设计的特征向量，能够自动完成一些检测或识别任务，目前，它已经成功应用于很多研究领域，尤其在自动驾驶领域取得了较大成功。因此，本书尝试将语义分割技术引入焊缝的缺陷识别，并对其进行进一步研究。

图像语义分割是在像素水平上，对图像中所包含的内容进行理解和识别，并依据语义信息对其包含的内容进行分割，以实现像素水平上的信息分类，即每个像素会被标记为属于某个类别，因此图像语义分割常以图像语义标注的形式作为结果输出。

深度学习是机器学习的一个分支，起源于对人工智能的研究，其本质为对海量数据进行特征的学习，通过整合数据的低维特征以及高维抽象特征来表征数据的类别和属性，从而给出数据的分布式特征。该技术是近年来计算机视觉领域取得的突破性成就之一，深度学习技术应用于图像的语义分割能够更高效地提取出图像中的低级、中级、高级语义特征，并将这些特征通过分类器对像素进行分类，从而实现"智能化"的图像语义分割，并极大地推进了语义分割的发展和应用的推广。

目前典型深度学习语义分割主要为以下三种结构：

3.4.1　全卷积神经网络

加州伯克利大学 Long 等在 2015 年提出了全卷积神经网络（Fully Convolutional Networks，FCN）[90, 91]，该网络主要是利用卷积神经网络，在像素水平上对图像所包含的信息进行分类，其具体操作为：将传统卷积神经网络模型中全连接层用卷积层取代，并使用跨层方法将中间卷积层产生的特征图组合起来，再使用双线性插值方法进行上采样，将粗糙的分割结果转化为精细的分割结果，以实现从抽象特征中恢复出像素的所属类别，使传统的用于分类的卷积神经网络转化为用于图像语义分割的网络结构，其结构如图 3-6 所示。

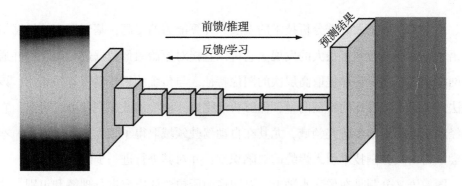

图 3-6　FCN 网络架构

FCN 能够实现将图像中的像素按其所属类别进行分类，但是该架构仍有两个问题没有得到解决：一是由于图像在多次池化后，其特征图的分辨率不断降低，进而导致像素的空间位置信息无法准确恢复；二是由于 FCN 的本质为卷积神经网络，其分割过程并没充分考虑图像的上下文信息（Image Context），从而无法有效利用图像的空间信息，其表现在分割结果上为分割粗糙、类别间边缘不连续。

3.4.2　U-net 网络架构

Ronneberger 于 2015 年首次提出了 U-net（U-network）[92]，起初主要为了解决生物医学图像的语义分割问题。该网络由完全对称的编码和解码模型（Encoder-decoder）构成，每进行一次上采样，就和特征提取部分对应的通道数相同尺度上的特征进行融合，因此建立了低级特征与高级特征之间的数据传播路径，允许数据以更快捷的方式在低级和高级之间传播，同时该架构还可以在训练期间向后传播，将低级精细细节特征补偿到高级语义信息中。本质上 U-net 是在 FCN 基础上的改进网络，该结构在编码模块中逐渐减少池化层的空间维度，同时在解码模块中逐渐恢复图像的细节特征，该网络结构上的优势，使得 U-net 能够高效地分割图像中的边缘和细节部分。这也使得 U-net 的网络模型更大，需要占用更多内存。

与 FCN 模型的主要区别在于，U-net 将每个编码器的特征映射与解码器网络中相应的特征映射相结合，将上下文信息传播到更高分辨率层。

3.4.3　SegNet 网络架构

SegNet 网络架构是由剑桥大学计算机智能实验室的 Badrinarayanan 等于 2017 年提出的一种基于深度学习的对称式语义分割模型[93]。SegNet 同样是基于编码和解码模型深度卷积神经网络，其编码器部分的结构是在 VGG16 的基础上改进而成的，编码模块中直接删除了 VGG16 网络的最后三个全连接层，只应用卷积层和池化层来对图像的特征进行提取，解码器模块的功能是对低分辨率的图像特征进行解码，以实现像素级的图像分割，图 3-7 即为其网络结构图。

VGG16 作为高效的深度卷积神经网络，其结构采用尺寸为 3×3 卷积核以及尺寸为 2×2 池化核，便于网络扩展和图像特征提取，其强大的泛化迁移能力使其能够提取多种数据特征[94]，网络共有 41 层，有 16 个具有可学习权值的层：有 13 个卷积层和 3 个完全连接的层，其网络结构图如图 3-8 所示。

卷积神经网络的核心为卷积运算，卷积用于提取图像的特征，并具有一定的降维作用，其输出为不同层次的特征图（Feature Map），其运算过程如下[95]：

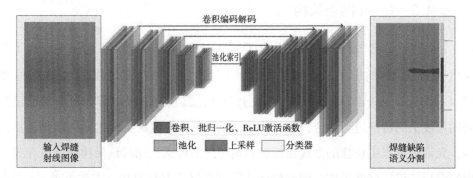

图 3-7　典型的 SegNet 网络架构

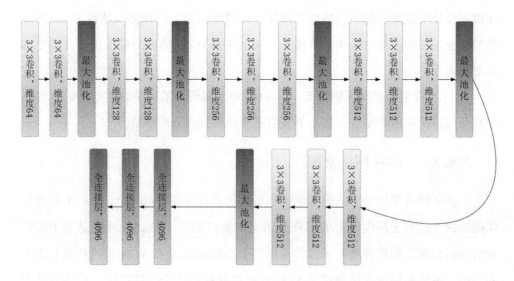

图 3-8　VGG16 网络架构

$$\begin{cases} m = \lfloor (w + 2p - a)/s + 1 \rfloor \\ n = \lfloor (h + 2p - b)/s + 1 \rfloor \end{cases} \tag{3-3}$$

$$g'(u, v) = \sum_{i=1}^{a} \sum_{i=1}^{b} f(i, j) \cdot g((u-1)s + i, (v-1)s + j) \tag{3-4}$$

式中：w 为输入图像的宽；h 为输入图像的高；$g(u, v)$ 为某一点的灰度特征值；$g'(u, v)$ 为卷积运算后的输出图像；m、n 为卷积后输出的 $g'(u, v)$ 的尺寸；$f(i, j)$ 为大小为 a、b，步长为 s，padding 为 p 的卷积核；$\lfloor \ \rfloor$ 为向下取整。

SegNet 架构的一个重要特征是使用池化索引地址来确保下采样（编码）和上采样（解码）特征信息位置的一致性。在训练和推理过程中，每个池化窗口中最大特征值的位置作为池化索引被存储和使用，在解码过程中使用该地址对图像进行上采样，可以确保分割后的图像保留了原图中的高频细节，防止边界模糊，并减少了解码器中可训练参数的总数，其原理如图 3-9 所示。同时，SegNet 加入了批归一化（batch normalization）层，有效地加快了网络的收敛速度，并较好地抑制了过拟合现象。

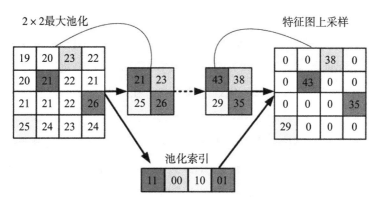

图 3-9 上采样与下采样池化索引

解码部分以特征向量作为输入，并产生与输入相同大小的图像，它与编码器部分具有相同的结构，以及相同数量的反卷积块，批归一化（Batch Normalization）、校正线性单元（Rectified Linear Units，ReLUs），最后，取消全连接层，降低了参与训练的网络参数的数量，从而提升了对结果预测的效率。SoftMax 层为每个类提供一个概率值，每个像素都被赋予概率最高的类别，其目的为找出尽可能与人工标注完全相同的分类。

SegNet 网络架构为了解决因为网络层数的增加而带来的收敛速度过慢问题，引入了批归一化算法[96]，使得下一层网络的数据拥有和原始输入数据一致的分布，从而加快了深度卷积神经网络收敛的速度，也保证了整个神经网络的特征表达能力，其计算过程为，设 $B = \{x_1, x_2, \cdots, x_m\}$ 为批内所包含的数据，其处理过程可看作对 B 作线性变换得到 $B' = \{y_1, y_2, \cdots y_m\}$ 的过程，即

$$BN_{\gamma,\,\beta}: x_1, x_2, \cdots, x_m \rightarrow y_1, y_2, \cdots, y_m \tag{3-5}$$

其变换算法为[95, 97]：

$$\mu B = \frac{1}{m} \sum_{i=1}^{m} x_i \tag{3-6}$$

$$\sigma_B^2 = \frac{1}{m} \sum_{i=1}^{m} (x_i - \mu_B)^2 \tag{3-7}$$

$$\hat{x_i} = \frac{x_i - \mu_B}{\sqrt{\sigma_B^2 + \varepsilon}} \tag{3-8}$$

$$y_i = \gamma \hat{x_i} + \beta \tag{3-9}$$

式中：σ_B^2 为批中的方差；μ_B 为批中的标准差；$\hat{x_i}$ 为归一化后的值；ε 为数值接近 0 的常数，用以保证计算方差时候分母不为 0；β，γ 为对归一化后值进行平移和缩放的参数，该参数是在批量归一化处理过程中，在网络训练编码中需要学习的参数。

SegNet 网络架构已被证明能够成功地对来自不同领域的图像进行语义分割，如自动驾驶[98]、医学图像[99]、生物图像[100]，并且具有较高的计算效率，基于其网络架构在对不同领域的图像执行语义分割任务方面的准确性，本书以此为基础，对焊缝射线图像的焊缝缺陷进行语义分割。

3.5　基于空洞卷积的焊缝射线图像语义分割网络架构

目前基于深度学习的语义分割技术，在对图像中的小尺寸目标的分类与识别仍具有一定的局限性，主要是由于网络中的多次下采样（池化操作）使得特征图的分辨率不断降低，从而导致小尺寸目标的信息丢失。

3.5.1　WDC-SegNet 编码-解码网络架构

由本书 3.4.3 节的分析可知，语义分割网络通过增加感受野的范围来提升分割性能，传统的网络结构大多采用增大卷积层中卷积核的尺寸或应用池化操作来实现[101]。然而，增大卷积核尺寸会导致网络中参数量的增加，加大系统的计算负担，使得模型更容易产生过拟合问题；而池化操作计算量虽然较小，但精度不足[102]。虽然针对传统语义分割方法的改进及优化方案可以在一定程度上提升网络对图像特征的提取能力，但特征图先缩小再放大的过程造成了分割精度的降低，这对于焊缝射线图像大量存在小尺寸缺陷的图像分割是致命的。基于以上分析，本书引入扩张卷积（Dilated Convolution），该方法可以在确保不改变特征分辨率的前提下，通过调整扩张率（Dilation Rate）来改变感受野的范围，以获取多尺度的特征信息，从而提高语义分割的精度[103]。

本章在 SegNet 网络架构的基础上，提出了新的深度卷积网络架构 WDC-SegNet（Weld Defect Classification-SegNet）。WDC-SegNet 为基于编码-解码模型的对称网络结构，该网络为了防止多次池化而造成的特征图的不断缩小，进而导致小尺寸缺陷无法识别的问题[104, 105]，引入了扩张卷积，其数学定义如下[106]：

设离散函数 $F(z^2 \rightarrow \mathbb{R})$ 和大小为 $(2r + 1)^2$ 的离散滤波器 $k(\Omega_r = [-r, r]^2 \cap z^2, \Omega_r \rightarrow \mathbb{R})$ 的正常卷积 $G(P)$ 表示为：

$$G(P) = \sum_{s+t} F(S) \otimes k(t) \tag{3-10}$$

则扩张率（Dilation Rate，DR）为 l 的扩张卷积 $G(P)$ 表达如下：

$$G(P) = \sum_{s+lt} F(s) \otimes_l k(t) \tag{3-11}$$

式中：$\otimes$ 为卷积运算，其具体算法参考公式（3-4）；$\otimes_l$ 为扩张卷积运算；s 为待卷积函数中的元素；t 为卷积核（滤波器）中的元素。

正常卷积为扩张卷积在扩张率为 1 时的特例，扩张卷积可以在不减少特征图尺寸的情况下收集上下文信息，通过对扩张率的控制在不损失分辨率，计算参数不增加的前提下，使感受野呈指数级增长。

本书通过图 3-10 进一步说明扩张卷积的性能，图中左上角原图为焊缝射线图像，先对其进行降采样操作，将分辨率降低为原来的 $\frac{1}{2}$（尺寸变为原图的 1/4），然后使用大小为 3×3 的卷积核执行正常卷积，再是双线性插值对其进行上采样，得到如右上角的特征图；作为对照，用扩张率为 2 的 3×3 的卷积核对原图进行卷积运算，如图中右下角所示。可以发现使用扩张卷积对原图（高分辨率图像）提取的特征明显强于右上角图像（细节处如图中细箭头所示），虽然有卷积核尺寸增加，但因为扩张部分为用零填充，只需要考虑非零参数计算量，因此卷积核参数的数目和计算量二者是一样的。因此，扩张卷积可以在不增加计算参数且确保特征分辨率不变的前提下，通过设置不同的扩张率，来调节感受野范围的大小，以获取多尺度特征信息，从而实现提高高分辨率图像中多尺度目标分割精度的目的。

对于大小为 3×3 的卷积核，扩张卷积的感受野大小与扩张率 l 的计算关系如下式所示：

$$G = (2^{l+1} - 1)(2^{l+1} - 1) \tag{3-12}$$

式中：G 为扩张卷积的感受野。

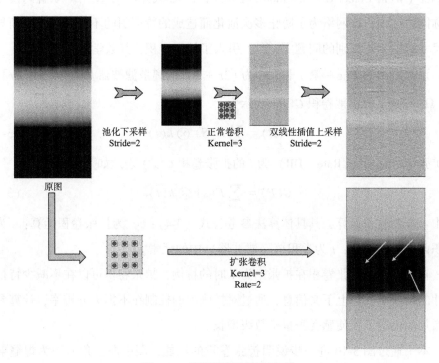

图 3-10　扩张卷积原理示意图

在扩张卷积中，卷积核由扩张因子进行扩展，并沿着同一个的空间维度放置 $2^{l-1} - 1$ 个零，以创建稀疏滤波器，这样可以在增加感受野的同时，还不增加网络的参数量。图 3-11 即为 3×3 的卷积核在扩张率为 1、2、3 时的感受野，图中圆点为卷积核元素对应的位置，灰色区域为其感受野的大小。

本书引入扩张卷积，对 SegNet 网络架构进行改进，以提升其对小尺寸缺陷

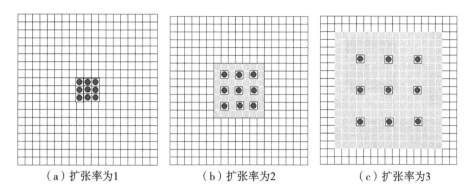

（a）扩张率为1　　　　　　（b）扩张率为2　　　　　　（c）扩张率为3

图 3-11　卷积核大小为 3×3 不同扩张率的感受野

目标的识别能力。其具体策略为：在编码阶段将用扩张卷积替换编码模块 4-5 中的正常卷积，以提升对焊缝射线图像中多尺度缺陷目标的特征提取能力，并取消这两个模块中的最大池化层（max pooling layers），以提升对小尺度目标的识别能力；解码阶段对应的解码模块 4-5 亦采用同样设置；WDC-SegNet 所采用的扩张卷积核的大小为 3×3，扩张率为 2；同时用指数线性单元（Exponential Linear Units ELUs）代替所有的 ReLUs，ELUs 可以加快深层神经网络的学习速度，提供更高的分割精度，其详细网络架构如图 3-12 所示。

本书利用 GDXray 数据库对训练后的网络进行了验证。图 3-13 显示了柱面投影后的部分焊缝射线图像及其相应的标签数据（Ground Truth）。图 3-14 为 WDC-SegNet 语义分割网络对焊缝射线图像分割结果对比图。在图 3-14 中，从左到右分别为：（a）为原始焊缝射线图像；（b）为圆柱投影后的图像；（c）为 WDC-SegNet 的语义分割结果；（d）为反圆柱投影；（e）为无柱面投影直接应用 WDC-SegNet 识别结果。从图中可以发现，柱面投影后图像中的小尺寸、边缘模糊的缺陷可以得到较好地识别。这是因为柱面投影可以增加缺陷部分的比率，并抑制不重要的背景部分。

为了系统地评价不同缺陷类别的分割结果，本章分别计算了柱面投影后焊缝射线图像和正常焊缝图像应用 WDC-SegNet 分割输出的混淆矩阵，以及引入召回率（Recall）、精度（Precision）、f 值和准确率（Accuracy）这四个指标对其进行

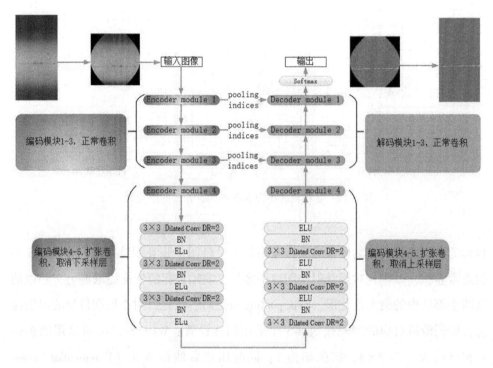

图 3-12　WDC-SegNet 网络架构图

量化分析，召回率为预测为真目标的对象数与测试图像中真目标总数的比率，即样本中有多少正样本被预测正确了；精度表示正确检测到的目标数与图像中检测出的目标总数的比率，也就是预测为正的样本中有多少是对的；f 值也被称为 $F1$ 度量，它是为了防止极端的情况出现，使表示精准率和召回率具有相等的权重[107-109]，f 值是一个评价分类器整体性能的指标，如果 f 值接近 1，则模型对各种缺陷的分类性能更好，精度、召回率、f 值和准确率计算公式如下：

$$\text{precision} = \frac{\text{TP}}{\text{TP} + \text{FP}} \tag{3-13}$$

$$\text{recall} = \frac{\text{TP}}{\text{TP} + \text{FN}} \tag{3-14}$$

$$f = \frac{1}{\dfrac{\alpha}{\text{precision}} + \dfrac{(1 - \alpha)}{\text{recall}}} \tag{3-15}$$

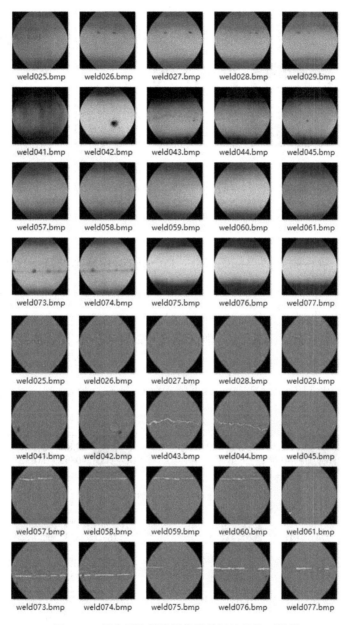

图 3-13　部分焊缝射线图像及其标签的柱面投影

$$accuracy = \frac{TP + TN}{TP + TN + FP + FN} \qquad (3\text{-}16)$$

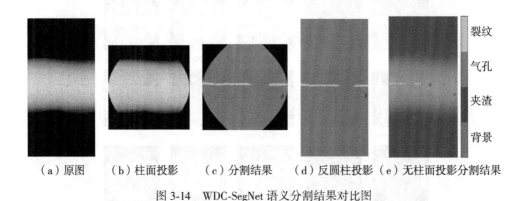

（a）原图　　（b）柱面投影　　（c）分割结果　　（d）反圆柱投影（e）无柱面投影分割结果

图 3-14　WDC-SegNet 语义分割结果对比图

式中：TP 为正确检测到的目标像素数；FP 为错误检测到的目标像素数；FN 为没有检测到的目标像素数；TN 为检测到的目标像素数，本书令 $\alpha = 0.5$ 使召回率和精度具有相同的权重[107]。

以上评价指标的计算都为基于像素为单位的计算，本书使用 112 张来自 GDX 数据集的分段图像对网络进行验证，其归一化后的分辨率为 480×240，因此其总像素为 480×240×112＝12902400，其混淆矩阵如图 3-15 所示。

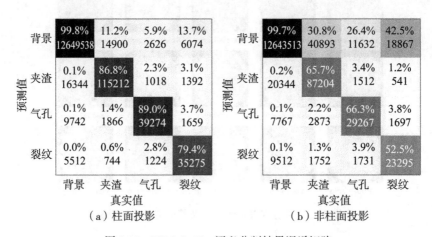

（a）柱面投影　　　　　　　　　　（b）非柱面投影

图 3-15　WDC-SegNet 语义分割结果混淆矩阵

实验数据（图 3-15 和表 3-3）表明：除背景部分外，柱面投影后的夹渣、气孔、裂纹缺陷的评价指标均有显著提高，说明柱面投影对提高语义分割网络焊缝缺陷识别的性能有较大影响。在柱面投影和 WDC-SegNet 的共同作用下，焊缝缺陷分割的准确率达到 98.6%。

表 3-3　　　　　　　　　　　　焊缝射线图像中缺陷类别对比

类别	柱面投影后图像			非柱面投影图像		
	准确率/%	召回率/%	f 值	准确率/%	召回率/%	f 值
背景	99.8	99.8	0.998	99.4	99.7	0.996
夹渣	86.0	86.8	0.864	79.6	65.7	0.720
气孔	74.8	89.0	0.812	70.4	66.3	0.683
裂纹	82.5	79.4	0.809	64.2	52.5	0.578

本书也将所提出的 WDC-SegNet 算法与语义分割领域的知名算法（FCN 算法和 U-Net 算法）进行对比，如图 3-16 所示，从图中可以看出，本书算法具有更快的收敛速度和更高的精度，并且具有更高的识别能力，进而更具有实际的应用价值。

3.5.2　语义分割误识别结果分析

本书提出的柱面投影方法及 WDC-SegNet 网络架构，提升了焊缝射线图像中小尺度缺陷目标的识别准确率。但因为射线图像在成像过程中受到射线散射、电气噪声等多种因素的影响，导致图像中存在较多的噪声以及人眼很难观测的非缺陷纹理信息[12]，WDC-SegNet 在提升了对小尺度缺陷检测敏感性的同时，也提升了对噪声的检测敏感性，这也给网络的输出结果带来误分割，主要体现在数据上，即为识别精度略低，而召回率表现较好，识别出的目标中有部分为伪缺陷。

如图 3-17 所示，基于 WDC-SegNet 网络的焊缝射线图像缺陷分割，可以将缺陷识别出来，同时也带来了其他伪缺陷，图 3-17（b）和（e）中方框标注了产生的伪缺陷，以及部分缺陷的周边像素的误分割。

本书在大量的尝试与分析后，发现焊缝射线图像缺陷的误分割与网络

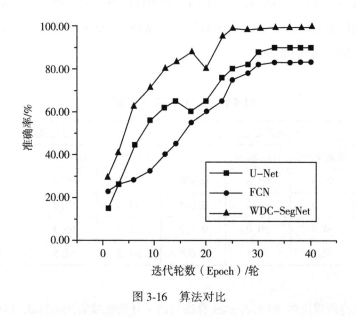

图 3-16　算法对比

Softmax 层的熵热图强相关，图 3-17（c）和（f）即为 Softmax 层的熵热图，图中，颜色越亮的区域，代表该处熵值越大，如方框所示，图 3-17（b）和（e）中裂纹缺陷边缘、误分割以及伪缺陷都对应于（c）和（f）中的高亮区域。

Softmax 层的输出为原图中对应的像素属于某类的概率，因此熵值的计算可用下式表达：

$$E(x) = E(-\ln(p_i(x))) = -\sum_{i=1}^{K} p_i(x)\log(p_i(x)) \tag{3-17}$$

式中：K 为类别的数量；$p_i(x)$ 为图像中像素 x 属于类别 i 的概率。

利用公式（3-18）得到的熵值，生成熵值热图，从图中可以发现高熵的像素有很大可能被错误分类。具体地讲，熵是对状态不可预测性的度量，熵热图中某点的熵值越大，表示对应像素 Softmax 层各个类别分类标签的 $p_i(x)$ 越接近于一个均匀的概率分布，说明信息越不确定，网络越难利用现有的信息对该像素进行分类。与之相反，当对应像素 Softmax 层各个类别分类概率的差异性越大，说明信息越趋于确定，其对应的熵值越小。

通常基于深度卷积神经网络的改进，大多是通过增加不同功能的模块或相应

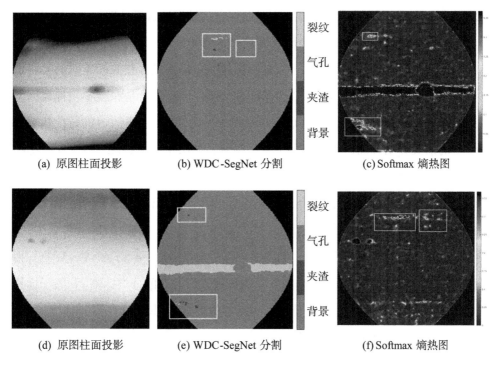

(a) 原图柱面投影　　　(b) WDC-SegNet 分割　　　(c) Softmax 熵热图

(d) 原图柱面投影　　　(e) WDC-SegNet 分割　　　(f) Softmax 熵热图

图 3-17　WDC-SegNet 误分割与 Softmax 熵热图对比

的层来提升网络识别的准确率，但是，从公式（3-17）可以发现，所有权重都是以预定义的方式计算的，因此它不能在网络中参与反向传播，不能通过迭代训练获得最优的参数，来解决网络的误识别问题。

3.5.3　条件随机场

WDC-SegNet 网络实现了焊缝射线图像中多尺度缺陷目标的分类，但是该网络同样有着先下采样后上采样的特征提取过程，该过程不可避免地割裂了像素间的上下文关系（Context），例如：像素与周围相邻像素间空间与颜色信息的关系。WDC-SegNet 网络的 Softmax 层的输出为每个像素属于不同分类的概率，而其信息熵的热图又与网络的误识别率强相关，其值越大代表着分类标签的不确定性越高，网络难以将该像素进行正确分类。基于以上分析，为了解决 WDC-SegNet 网络语义分割产生的误分割问题，本书引入了概率图模型中的条件随机场模型（Conditional Random Field，CRF），来对网络分割结果进行后处理。

John D Lafferty 在 2001 年受最大熵模型的影响提出了条件随机场模型[110]，该模型的整体概率分析特性使其可以理解图像的全局信息，获取标签间的关联信息。条件随机场模型可以描述相邻像素间的关联，而这恰恰是深度卷积神经网络对目标误分割的主要原因，即忽略了像素间的关联性[101]。条件随机场在基于深度学习的语义分割方面已成功应用于多个领域，如医学图像领域[111, 112]、遥感图像[113, 114]、农业图像[115]等。

本书建立的 CRF 模型，是将 WDC-SegNet 网络的输出结合起来，对焊缝射线图像的缺陷分类做进一步的分析[101]：

设一幅图像的像素集合为 S，则图像中每一个像素为 $i \in S$，令 $x = \{x_i\}_{i \in S}$ 为图像中每一个像素的灰度值，$y = \{y_i\}_{i \in S}$ 为该像素所对应的分类标签，y_i 属于标签集合 $\{l_1, l_2, \cdots, l_m\}$ 中的一个值，m 为标签的类数，则基于给定观测数据集 x，类别变量 y 的后验概率分布为[114]：

$$P(y|x) \propto \exp\left\{- \left[\sum_{i \in S} A(y_i, x) + \sum_{i \in S} \sum_{j \in N_i} I(y_i, y_j, x) \right] \right\} \tag{3-18}$$

$$E(x) = \sum_{i \in S} A(y_i, x) + \sum_{i \in S} \sum_{j \in N_i} I(y_i, y_j, x) \tag{3-19}$$

$$A(y, x) = - \log P(i) \tag{3-20}$$

式中：$E(x)$ 为能量函数；$A(y_i, x)$ 为条件随机场的一元势；$P(i)$ 为像素 i 属于某类的概率，也即为本书 WDC-SegNet 网络的 Softmax 层像素对应的输出；N_i 为像素 i 的邻域像素；$I(y_i, y_j, x)$ 为成对势能量函数，用于衡量两事件同时发生的概率，用来描述该像素与邻近像素的关系，即获取图像的上下文信息。本书采用文献[116]中的方法，应用高斯双边滤波的思想同时捕获每对像素间的空间关系及其特征相似性关系，该方法的核心是在特征空间中分别引入两个不同的高斯核（外观核和平滑核）来提取不同的特征，其计算公式如下[101, 116]：

$$I(y_i, y_j, x) = \mu(y_i, y_j)\left[w_1 \underbrace{\exp\left(- \frac{\|c_i - c_j\|^2}{2\sigma_\alpha^2} - \frac{\|x_i - x_j\|^2}{2\sigma_\beta^2}\right)}_{\text{Appearance Kernel}} + \right.$$

$$w_2 \underbrace{\exp\left(-\frac{\|c_i - c_j\|^2}{2\sigma_\gamma^2}\right)}_{\text{Smoothness Kernel}}\Bigg] \tag{3-21}$$

式中：$\mu(y_i, y_j)$ 为分类标签的概率函数，计算像素 i 和像素 j 属于同一类的概率，若 $y_i \neq y_j$，则 $\mu(y_i, y_j) = 1$，反之 $\mu(y_i, y_j) = 1$；σ_α、σ_β、σ_γ 分别为外观核和平滑核的尺度参数；w_1、w_2 为成对势能量的权重；$C_{i,j}$ 为像素的空间坐标；x_i，x_j 为像素的颜色特征。

从式（3-21）可以发现，式中的外观核用来表示当两像素之间距离越近，灰度越接近，则两像素越属于同一类别的可能性越高；平滑核的作用为移除图像中孤立的小区域，这对于焊缝射线图像中的噪声去除是非常有益的[117]。

对 CRF 的学习和优化过程实际上是最大化似然函数或最小化能量函数，本书使用平均场近似（Mean Field Approximation，MFA）算法来对模型进行推理[116, 118]，该算法能够使模型快速收敛到局部极值，从而能够高效地求解条件随机场的能量函数最小化问题：

$$\hat{y} = \arg\min_y\left(\sum_{i \in S} A(y_i, x) + \sum_{i, j \in S} I(y_i, y_j x)\right) \tag{3-22}$$

式中：$\hat{y}$ 为焊缝射线图像的缺陷类型分割结果。

基于深度卷积神经网络的 Softmax 层的条件随机场语义分割流程如下：

（1）输入测试图像；

（2）通过训练好的本书提出的 WDC-SegNet 获取网络的 Softmax 层数据；

（3）通过公式（3-20）获得能量函数的一元势，通过公式（3-21）获得能量函数的二元势；

（4）通过公式（3-19）获得能量函数，基于公式（3-22）对模型进行迭代求解使能量函数的取值最小，获取最优参数，并对图像进行分割，图 3-18 即为使用 WDC-SegNet+CRF 算法对焊缝射线图像进行缺陷识别的每步输出对比图。

图 3-18 中，（a）（b）（c）（d）（e）（f）列分别为原图、柱面投影、真值图（手工标记）、WDC-SegNet 算法、WDC-SegNet+CRF 算法识别结果、柱面反投影重构（与原图融合输出），从图中可以发现本书提出的算法可以很好地实现对焊

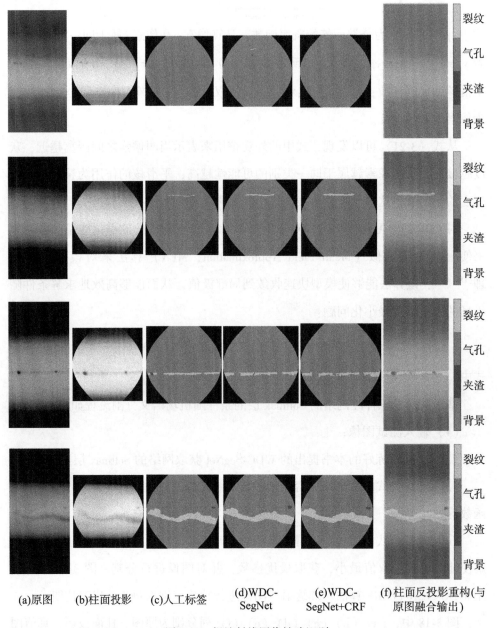

(a)原图　(b)柱面投影　(c)人工标签　(d)WDC-SegNet　(e)WDC-SegNet+CRF　(f)柱面反投影重构(与原图融合输出)

图 3-18　焊缝射线图像缺陷识别

缝缺陷进行分割。语义分割结果通过柱面反投影重构，即可实现对原始焊缝射线图像的缺陷识别。该重构是建立在稳定的数学映射关系基础上的，又因为语义分割结果仅包含4种标签数据，因此可以应用最邻近插值准确地重构出焊缝射线图像的缺陷识别结果。

WDC-SegNet+CRF算法最终使焊缝射线图像中焊接缺陷识别的准确率提升至99.01%。为了进一步系统地对本书提出的焊缝缺陷识别算法进行深入评价，本书仍使用来自GDXray数据库中112张有缺陷的分段图像，对其进行缺陷类型识别验证，其验证结果如表3-4所示，其计算方法见公式（3-13）至公式（3-16）。

从表3-4验证数据可知，应用CRF后处理后的分割结果，较上一步WDC-SegNet评价指标（表3-3）都有一定的提升，这说明CRF对提升整体焊缝缺陷识别的性能具有较好的效果。

表3-4　　　　　　　　　　　　**WDC-SegNet+CRF 对焊缝缺陷识别性能**

类别	精度/%	召回率/%	f 值	准确率/%
背景	99.89	99.80	0.998	——
夹渣	89.55	89.81	0.897	——
气孔	80.48	93.43	0.860	——
裂纹	84.21	94.34	0.890	——
整体性能	——	——	——	99.01

本书也将提出的WDC-SegNet+CRF算法，与领域内其他优秀方法进行对比：

文献［7］和文献［119］应用基于深度卷积神经网络的方法在GDXray数据集上对焊缝缺陷进行分类，其总体准确率达到了97.2%，文中并没有给出识别精度的数据，从其公式可得出其召回率的数据如表3-5所示。

表 3-5   文献[119]分类结果数据

气孔/%	非缺陷/%	未焊透/%	裂纹/%	夹渣/%	总体准确率/%
99.6	98.6	98.1	89.7	99.2	97.2

从结果可以看出，文献［119］对缺陷的分类比本书更详细，且其关于"夹渣""气孔"识别的召回率要优于本书的算法，识别的总体准确率比本书稍低，因此其整体性能与本书相当，难以从以上评价指标分出孰优孰劣，但是文献［119］的方法是基于人工裁切的焊缝缺陷图像进行识别的，因此与之相比，本书提出的方法具有更强的实用性和鲁棒性。

在文献［120］中，作者使用提取的边缘特征和二值化图像替换图像中的两个通道，在其自己建立的焊缝射线图像数据集上识别准确率达到了97%，其具体数据如表 3-6 所示。

表 3-6   文献［120］分类结果数据

类别	精度/%	召回率/%	f值	准确率/%
未焊透	90	100	0.95	—
小孔	100	86	0.93	—
气孔	100	100	1	—
整体性能	—	—	—	97

从数据可看出，其分类类别和本书略有差别，其单项识别精度和召回率比本书稍强，总体识别性能本书略强，因其所用数据集为私有数据集，因此本书具有更强的通用性。

在文献［81］中，作者提出了新的 TL-MobileNet 网络架构对焊缝缺陷进行识别，并在 GDXray 数据集上对其方法进行了验证，文中没有给出单项识别精度的数据，从文中可得出召回率的数据，如表 3-7 所示。

表 3-7   **文献[81]识别结果数据**

背景/%	夹渣/%	气孔/%	裂纹/%	未焊透/%	最高准确率/%
100	96.77	99.61	100	99.65	98.63

从文献［81］中的数据可知，单个类别的召回率均高于本书，其总体最高识别准确率达到了 98.63%，因其未提供识别精度数据，故无法比较精度性能，由于其准确率比本书略低，可得知精度应该稍低，其整体性能与本书相当，但是该方法同样是基于手工裁切的缺陷图像进行的研究，因此，与之相比本书的方法具有更强的鲁棒性和实用性。

在文献［10］中，作者提出了一种多类支持向量机技术对焊接缺陷进行分类，并使用 GDXray 数据集上对其方法进行了验证，其结果如表 3-8 所示。

表 3-8   **分割结果对比**

类别	精度/%	召回率/%	f 值	准确率/%
背景	—	—	—	—
夹渣	97.83	93.75	—	—
气孔	97.86	100	—	—
裂纹	93.54	93.55	—	—
整体性能	—	—	—	97.14

从文献［10］中的数据可知，其单项性能要优于本书方法，因本书的背景部分所占比例较大，且准确率较高，故本书算法的总体准确率稍高，但是该方法所取得的结果同样是基于手工裁切的焊缝缺陷图像，因此本书所提出的方法具有更强的鲁棒性和实用性。

文献［9］对非水平状的焊缝缺陷进行了分类识别，并使用 68 张来自GDXray 数据集的图像进行了验证，得到了接近于 100% 的识别准确率，文章没有给出详细的召回率和精度数据，其结果如表 3-9 所示。

表 3-9　　　　　　　　　　　　文献[9]分割结果数据

TP	FP	TN	FN	Accuracy/%
257814	0	184313	0	nearly 100

由文献［9］中的数据可知，该方法在非水平类焊缝缺陷的识别方面具有明显优势，但是，该方法的适用范围还需进一步提升。

基于以上实验数据和对比结果表明，本书提出的方法具有较高的识别准确率，且鲁棒性较强，无需对图像进行预先人工裁切，即可在像素层面上对焊缝射线图像进行缺陷分割，与领域内其他方法对比，本书方法具有相对较高准确率的同时，也具有较强的适用性，在实际检测作业中具有较高的实用价值。

此外，本章算法均为使用 Matlab R2020b 在 Windows 系统下开发、训练和验证的，硬件配置为：Intel（R）Core（TM）i7-7700（3.6GHz），8GB RAM. 所有图像都归一化为 240×480 pixels。在此硬件配置下识别单张图像的平均时间为 0.663s。同时，本书也与领域内近两年其他算法进行对比，其结果如表 3-10 所示。

表 3-10　　　　　　　　　　　　识别效率对比数据

方法名称	耗时/s	图像分辨率	硬件配置
CNN based[121]	0.41	300×300	Corei7-8700@ 3.2GHz，32G RAM，Python
Three-step[122]	2.7	128×256	2.66 MHz，with 4 GB RAM.
Vgg16[123]	3.2	200×200	Corei7-7700k@ 4.2GHz，32G RAM，GeForce GTX 1060
VL-MFBP[124]	0.183	768×576	Corei5-4210@ 2.6GHz，8G RAM MATLAB
本书算法	0.663	240×480	Corei7-7700@ 3.6GHz，8G RAM MATLAB

因为硬件的差异性、所用图像的分辨率和数据来源的不同，导致识别时间具有一定的差异性，又因为算法所能达到的准确率以及鲁棒性也具有差异性，很难针对上述数据分出孰优孰劣，但总体都低于 4s，相对于人工而言具有极大的优势。以一个有 10 万张图像的焊缝检测项目为例，本书方法在进行缺陷探测时单张图像耗时约为 0.016s，完成整个项目的缺陷探测需要：10（平均分割为 10 张子图）×100000×0.016s＝4.44h，按 5% 的缺陷比例则约有 5000 张缺陷图像，而本书对一张完整焊缝射线图像从缺陷识别到图像拼接重构共需要 6.75s，其中单张的识别时间为 6.63s，拼接约为 0.12s，对 5000 张识别完成约需要 6.75s×5000＝9.375h。加上缺陷探测的 4.44h，一个 10 万张图像的焊缝射线检测项目共需要 13.815h。而如果是人工检测，以一张片耗时 5m，一天工作 8 小时，一个月工作 21 天计算，工作中没有任何停息，需要 49.6 个月才能完成，一个 10 人的班组也需要近 5 个月才能完成。因此，本书的方法可以极大地辅助评片人员提升工作效率。

3.6　基于缺陷等级分类的焊缝射线图像重构

本章的算法是基于分割后射线图像进行的，因此最终还须返回到原焊缝射线图像中，本章基于第 2 章 2.7 节提出的焊缝射线图像的分级模型，对射线图像进行重构。在分级模型中给出了一幅完整焊缝射线图像含有的有缺陷子图的数量。通过对子图基于文件名的挑选、排序、拼接等操作实现对焊缝射线图像的复原重构，其具体步骤如下：

（1）通过缺陷等级，排除无缺陷的图像，以及确定原图中包含缺陷子图的个数；

（2）通过图像文件名，对子图进行排序；

（3）对有缺陷的子图与分割输出融合，并使用双线性插值进行尺寸拉伸；

（4）使用拉伸后的子图，替换原子图；

（5）图像拼接。

拼接过程计算方法如下，由于输出为三通道 RGB 图像，以其中一个通道为例：

$$I' = \begin{bmatrix} a_{11} & a_{12} & \cdots & a_{1n} \\ a_{21} & a_{22} & \cdots & a_{2n} \\ \vdots & \vdots & & \vdots \\ a_{m1} & a_{m2} & \cdots & a_{mn} \end{bmatrix} + w \cdot \begin{bmatrix} b_{11} & b_{12} & \cdots & b_{1n} \\ b_{21} & b_{22} & \cdots & b_{2n} \\ \vdots & \vdots & & \vdots \\ b_{m1} & b_{m2} & \cdots & b_{mn} \end{bmatrix} \tag{3-23}$$

$$\hat{p}_{ij} = \frac{p_{ij} - \min(I')}{\max(I') - \min(I')} \tag{3-24}$$

式中：I' 为融合后子图；等式（3-23）右边第一个矩阵为焊缝射线图像的分割子图；第二个矩阵为对应子图的语义分割输出；w 为权重，用以控制识别结果在融合后图像中的透明度；$\max(I')$ 为图像 I' 中元素的最大值；$\min(I')$ 为图像 I' 中元素的最小值；p_{ij} 为图像 I' 中点（i, j）处的灰度值；$\hat{p}_{ij}$ 为归一化后的图像中点（i, j）处的灰度值；等式（3-24）用于将图像归一化到 0~1 之间。

图 3-19 中，A、B、C、D 四点为图像 I' 中相邻的四个点，其坐标分别为（i, j）、（$i+1$, j）、（i, $j+1$）、（$i+1$, $j+1$），点 $O(i+u, j+v)$ 为插值点，u, $v \in [0, 1]$，p_A、p_B、p_C、p_D、p_E、p_F 分别为点 A、B、C、D、E、F 对应的灰度值，则可得出：

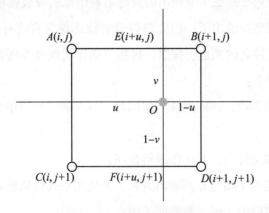

图 3-19　双线性插值示意图

$$p_E = p_A(1 - u) + p_B u \tag{3-25}$$

$$p_F = p_C(1 - u) + p_D u \tag{3-26}$$

则插值点灰度值 O 可由下式得出

$$O = p_E(1 - v) + p_F v \tag{3-27}$$

则重构焊缝射线图像可由下式得出：

$$\boldsymbol{I}_q = [\cdots, I_{ci}, \cdots, I''_i, \cdots] \tag{3-28}$$

式中：$\boldsymbol{I}_q$ 为重构后的焊缝射线图像；I_c 为焊缝射线图像的无缺陷分割子图；I'' 为 I' 双线性插值后的图像；i 为各个子图在原图中对应的位置，由第 2 章 2.7 节的方法获得。

图 3-20 即为图像重构输出示例，其中，（a）、（c）、（e）为原图，（b）、（d）、（f）为焊缝缺陷分割识别融合输出结果，从图中可以发现本书提出的算法能够适用于多种不同类型的焊缝射线图像，具备更大的鲁棒性，对图像中噪声的敏感性较低，具有更高的实际应用价值。并且可以以完整形式输出，辅助评片人员做出最终判定。

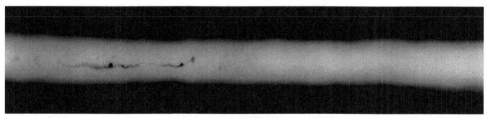

（a）原图

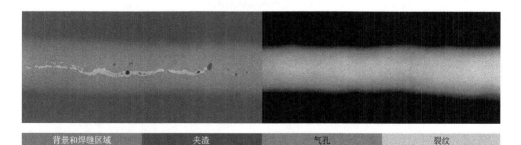

| 背景和焊缝区域 | 夹渣 | 气孔 | 裂纹 |

（b）射线图像缺陷识别

75

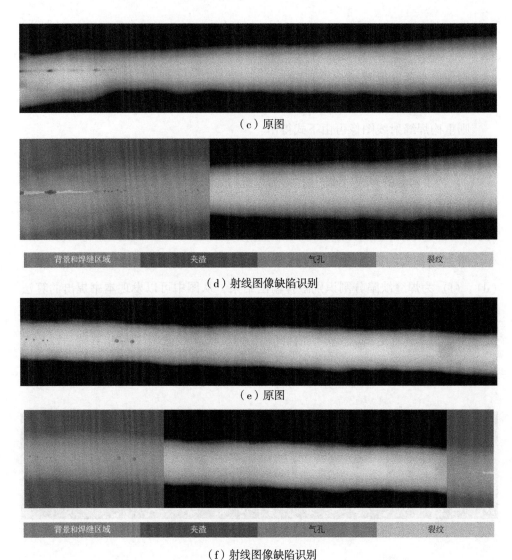

（c）原图

（d）射线图像缺陷识别

（e）原图

（f）射线图像缺陷识别

图 3-20　缺陷分割融合输出

3.7　本 章 小 结

　　本章在分析了焊缝射线图像缺陷特征的基础上，针对基于深度学习的语义分割方法在小尺寸目标识别上的局限性，提出了基于柱面投影提升缺陷目标在图像中所占比例的方法，并结合改进的 WDC-SegNet 语义分割网络架构，有效地提升了焊缝射线图像中小尺寸缺陷目标识别的准确率。进一步分析并揭示了焊缝射线图像中缺陷的误识别与语义网络架构中 Softmax 层的熵热图具有的强相关性的规律。并基于此分析，进一步研究了条件随机场在降低焊缝缺陷语义分割误识别率中的应用，使得缺陷分割准确率达到了 99.01%。实验数据表明：本书提出的 WDC-SegNet+CRF 焊缝缺陷分割方法与领域内的其他算法相比，在识别准确率和实用性上具有明显的优势。

第4章 基于相位对称性的射线图像增强研究

4.1 引　　言

　　射线图像检测是目前使用最广泛的焊缝缺陷检测与评估手段，对焊接质量的检验与评估起着不可或缺的作用。在前一章的研究中给出基于编码-解码模型焊缝缺陷识别方法，可以有效地辅助检验人员进行射线检测，在一定程度上改善了人工评片的作业方式，提升了评片效率，但是由于焊接质量对于工业生产的重要性，目前关于焊缝缺陷的判定仍必须由人来做出最终的认定，以确保责任的可追溯性。由于焊缝射线图像具有灰度低、对比度低、细节模糊等特点，使得人眼评片具有一定的局限性，因此，对焊缝射线图像基于人眼视觉的增强是目前技术条件下提升人眼对于焊缝射线图像中关键信息识别能力的有效途径。

　　针对焊缝射线图像中细节信息可视化特征不明显的问题，本章提出了一种基于人眼视觉的焊缝射线图像增强方法，该方法运用三阶 B 样条小波和相位对称性原理对图像进行全局增强，不需要对图像进行预处理，且对图像中的灰度和对比度信息依赖性较小，适用于灰度值低、对比度低的射线图像。实验结果表明，本书所提出的方法可以有效地对焊缝射线图像进行基于人眼视觉的全局增强，不需要对图像进行分割。与目前领域内其他学者提出的方法相比，本书所提出的方法不仅在增强效果方面有显著的提升，且更好地保留了图像中原有的细节特征。

4.2　射线图像增强理论分析

4.2.1　射线图像特征分析

焊缝射线图像一般包含三个主要部分：基础材料区域、焊缝区域和由文本字符构成的标记信息区域（分别见图4-1中的①②③）。文本字符标记信息主要包括以下信息：焊缝图像生成时间、项目编号、定位标记、零件编号，这些信息主要由数字、字母和少量汉字组成。

本书在对360张来自某型汽轮机的焊缝射线图像分析研究后，总结出焊缝射线图主要由以下五个方面导致了人眼视觉观测不准确和容易产生误判。这也是目前该研究的主要难点，现将其罗列如下：

（1）焊缝射线图像具有较低的灰度值，焊缝与背景之间的对比度较低，大部分像素的灰度值都集中在一个非常小的范围内。

（2）大部分射线图像包含噪声，焊缝的细节模糊，边缘不清晰，很难用适应性较强的算法提取出完整的焊缝边缘。

（3）射线图像黑度值较大，使人眼不容易辨别焊缝的细节特征，并且容易产生视觉疲劳。

（4）射线图像的文本区域和焊缝区域的灰度值很接近，甚至交叉重叠，增加了计算机处理的难度。

基于焊缝射线图像的复杂性和重要性，目前的行业标准规定[19, 47]，关于焊缝缺陷的判定须由人工来做最终的认定，以确保责任的可追溯性。因此，基于人眼视觉的焊缝射线图像中缺陷的识别是一项重要的研究课题，而其中的关键即为基于人眼视觉的焊缝射线图像的增强。

目前，针对焊缝射线图像增强技术的研究有很多，其中大部分是针对人工分割后的焊缝区域进行研究的[26, 30, 125]，对焊缝区域的准确分割是这些方法得以进行的前提，而针对焊缝区域的定位与分割本身也是这个领域的难点，准确率相对较低。实际作业中获得的图像如图4-1所示，包含很多其他非关键信息和噪声。由于焊缝的结构、形状、材质多样性，很难对其进行统一的焊缝提取与分割，有

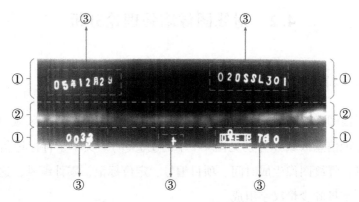

图 4-1　焊缝射线图像包含信息示意图

些甚至会对人的判定起到干扰和误导的副作用。因此，目前方法普遍存在实用性
较低和鲁棒性需要提升等问题，并不能有效解决本课题所涉及的问题。

4.2.2　图像相位增强理论

基于人眼视觉的特征描述，一直是计算机视觉、图像处理的研究热点。它是
一门多学科交叉的课题，涉及模式识别、心理学、生理学、图像处理等学科。而
对称性又是人眼视觉特征描述的重要内容。对称性是物理学和数学中的一个重要
概念，小到分子、原子等微观结构，大到行星、恒星、星系等宇宙空间，自然界
中普遍存在着对称性的现象。我们周边的大部分物体具有对称结构，如植物、动
物，以及人造物体，也都存在对称结构。随着科学的不断发展，关于对称性的研
究也将越来越深入。对于基于人眼视觉的检测、理解、解释自然界中图形来说，
检测和度量对称性具有非常重要的意义。

对称性在人类对自然界的感知问题上也起着积极的作用，如当人眼的视觉范
围内出现"对称性"的结构时，大脑活动就会检测到与之对应的峰值信号。区域
内的对称性特征越强，越容易被大脑所侦测到[126]。对称性究其本质是一种规则
性，在军事伪装中常用不同颜色和不规则的形状组成的图案去破坏这种规则性，
来达到迷惑敌人的目的。迷彩服就是这一特性的应用。因此可以利用对称性的视
觉特征来对焊缝射线图像进行增强。

人眼视觉可以感知的光是一种电磁波，可以将其表示成含有振幅和相位信息的波函数。但是由于人眼和相机等感光器官或感觉设备的侦测与响应速度远远小于电磁波的频率，因此我们只能感受或检测到实值，即光的强度信息。但是相较于光的强度信息，其相位信息对于光场函数来说更加重要，包含的信息也更多。基于人眼视觉的图像中的关键元素是跟随相位信息的。对于一幅图像而言，相位分布包含了更多的图像特征和结构信息，从而在视觉呈现上更重要。

相位对称性（Phase Symmetry）是比较新的特征检测方法，该方法不基于图像的亮度、梯度信息，而是假定图像中傅里叶分量相位最一致的点为特征点。例如：将方波傅里叶级数展开时，所有的傅里叶分量都是正弦波。如图 4-2 所示，在阶跃点处相位相同。相位为 90 度或 270 度取决于这时是上升沿还是下降沿，在方波的其他点的单个相位值都在变化，使得相位一致的程度变低。此外，在三角波中也有类似的结构，相位一致的程度在三角波中的顶点 0 度或者 180 度最大。也就是说，在相位一致性最大值时的点，波形是对称的。结合之前的分析，相位对称性的点，能够引起人眼视觉的最大兴趣值，对应于图像的边缘与细节特征。

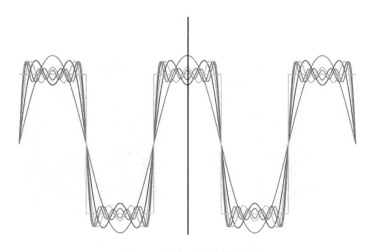

图 4-2 相位对称性示意图

相位对称不仅可以用来识别物体结构的基本特征，而且也在人类视觉感知系统中起着重要作用[127, 128]。因此,它已被广泛地应用于图像处理中。相位对称性的确定是基于对局部频率信息的分析[129]。如图 4-2 所示,表明在方波的中点处有一个镜面对称点,其中所有的对称轴都在周期的最大或最小相位上,这是所有正弦波的最对称点。因此,局部相位中的对称点产生容易识别的图案[130]。

这里需要指出的是,本书考虑的是基于图像灰度值频域变换后相位信息的局部对称性,这是反映图像灰度值变化快慢程度,而不是考虑图像中的整体几何对称性。

目前,针对图像相位对称性的研究还非常有限。而其中大多数方法是基于使用高斯函数调制的对数 Gabor 滤波器来获得图像的幅度和相位信息。1997 年澳大利亚西澳大学的 Kovesi 教授[127]提出了一种通过分析图像的局部频率信息来计算相位对成度的图像增强算法,该算法可以不需要对图像进行分割,直接对全局图像进行增强,打开图像增强的新思路。

2004 年,天津大学的肖志涛教授在 Kovesi 研究的基础上提出了利用相邻像素响应的符号来确定对称相位的位置,最后得到新的对称相位一致性的图像特征的检测算法[131]。该算法实质上是对 Kovesi 算法的一种改进。实验研究表明,该算法针对背景与目标图像对比度较大、ROI 区域较小的图像具有较好的效果。因此多用于对目标的检测与提取,如图 4-3 所示。

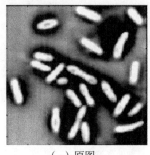　　

（a）原图　　　　　　　　　　（b）目标提取

图 4-3　文献[131]提出的算法应用

本书在研究中也尝试着将相位对称性及其改进算法应用于对焊缝射线图像图的增强,其结果如图 4-4 所示,从图中可以发现焊缝的边缘和纹理更加模糊,几乎和背景融为一体。针对该现象 Kovesi 教授在其论文中也指出该算法会使图像中灰度变化比较大的连接处（如阶跃、边缘等区域）变得较为模糊，并定义该现象为"余震（'Aftershock'）"现象[127]（如图 4-5 所示），而 Kovesi 教授在其后续论文中也没有给出解释和提出解决方案[132]。

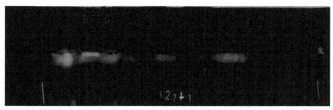

（a）焊缝射线图像原图

（b）增强后图像

图 4-4　使用相位对称性算法对焊缝射线图像的增强效果

（a）原图　　　　　　　　（b）增强后余震现象

图 4-5　余震现象

基于以上的探索和研究，本章提出了一种将小波增强与相位对称性相融合的适合人眼视觉的焊缝射线图像增强方法。

4.2.3 射线图像数据来源

本书研究所使用的焊缝射线图像主要有两个来源：

（1）通过射线数字化仪对焊缝射线胶片扫描获得的，这些射线胶片主要来自东方汽轮机生产的某型汽轮机的焊缝。

（2）该研究的另一个射线图像来源：GDXray 焊缝射线图像数据库。该数据库是由 Domingo Mery 教授建立的[42, 133]，专门为射线图像研究者提供的统一、开放的数据源，也被用来对研究算法进行评价。使用不同来源的射线图像，可以验证算法的适应性和鲁棒性。

4.3 射线图像增强

4.3.1 基于三阶 B 样条小波的特征增强

由于焊缝射线图像具有灰度范围小、对比度低、细节模糊等特点；而相位对称性不依赖于灰度和梯度特征，而是基于频域分析图像内在纹理特征，且符合人眼视觉特征的方法。因此，使用基于相位对称性的原理对焊缝射线图像进行增强，是一个合理、有效的办法。然而，这种方法会在图像中造成"余震"现象（模糊的细节），不能直接应用。

基于以上分析，本书提出了一种将小波增强与相位对称性相结合的焊缝射线图像增强方法（Wavelet Enhancement and Phase Symmetry，WEPS），该方法可以生成适合人类视觉系统分析的图像。该算法的流程如图 4-6 所示。

该方法的第一步是利用小波变换增强焊缝射线图像的特征。近年来小波变换技术在图像去噪领域得到很广泛的应用，也取得了不错的效果，小波去噪原理可以看作数学函数逼近问题，即在原有的小波母函数扩散的函数空间中，运用所提出的衡量标准，扩展出更能逼近原有信号以及完成噪声信号区分的函数映射。小波变换由于其具有强大的数学分析能力，可以从图像中提取准确的特征信息，并

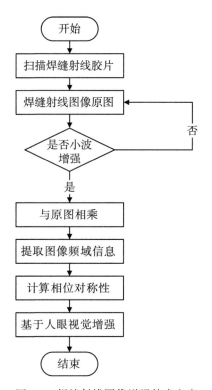

图 4-6 焊缝射线图像增强技术方案

通过平移和展开运算对图像进行多尺度分析。小波变换是傅里叶变换的一个重大突破,具有优异的时域、频域局部特性和良好的能量集中特性[134]。

从直观上来讲,经过小波变换后,图像中噪声信号的数值变得很分散,且幅值也被降低得很低,而信号(图像的特征信息)仍保留较大幅值,且大部分集中在为数较少的几个小波系数上。基于以上,使用小波对图像进行增强去噪的过程,从本质上来讲就是寻找从实际信号空间到小波函数空间的最佳映射,从而获得原信号(图像特征信息)的最佳恢复。

从信号学的角度看,小波对图像去噪增强是一个信号滤波的问题,数学推理和实验研究表明在很大程度上小波去噪可以认为是一个低通滤波,但是由于在去噪后,还能成功地保留原信号(图像的特征信息),所以基于这一点上小波增强又优于传统的低通滤波器。基于以上,小波图像去噪增强实际上是将特征提取和低通滤波功能二者相融合[135]。

在小波变换中，小波母函数 $\psi(x) \in L^2(R)$（又称基本小波）须满足以下三个条件[136]：

$$\int_{-\infty}^{+\infty} \psi(x)\,\mathrm{d}x = 0 \tag{4-1}$$

$$\int_{-\infty}^{+\infty} |\psi(x)|\,\mathrm{d}x < +\infty \tag{4-2}$$

$$C_\psi = \int_{-\infty}^{+\infty} \frac{|\psi(\omega)|^2}{|\omega|}\mathrm{d}\psi < +\infty \tag{4-3}$$

公式（4-1）说明小波母函数是一个正负交替的函数，且正负两部分能量相等，使其均值为 0；公式（4-2）说明小波函数的主要能量集中在有限范围内；公式（4-3）是使得小波变换存在逆变换而加的限制。

当函数 $\psi(x) \in L^2(R)$ 满足以上三个条件，对于任意信号 $f(t) \in L^2(R)$，其连续小波变换如式（4-4）所示[137]：

$$WT_\psi f(a,\ b) = \int_{-\infty}^{+\infty} f(t)\,\overline{\psi}_{a,\,b}(t)\mathrm{d}t = a^{-\frac{1}{2}}\int_{-\infty}^{+\infty} f(t)\overline{\psi}\left(\frac{t-b}{a}\right)\mathrm{d}t \tag{4-4}$$

式中：a 为尺度参数；b 为位移参数；$\overline{\psi}(t)$ 为 $\psi(t)$ 的复共轭。

如只考虑实数信号，则上式可写成：

$$WT_\psi f(a,\ b) = a^{-\frac{1}{2}}\int_{-\infty}^{+\infty} f(t)\psi\left(\frac{t-b}{a}\right)\mathrm{d}t \tag{4-5}$$

由以上可知，在连续的尺度及平移变化下，小波函数 $\psi_{(a,\,b)}(t)$ 对 $f(t)$ 的变换结果的信息是高度冗余的，这对图像恢复是有益的，但是对于计算量是无益的，因此，离散尺度下小波变换变得很有必要。

在尺度与位移参数离散化的过程中，最常用的是尺度参数离散模式，对尺度参数采用幂级数形式离散化，即 $\{a = 2^j,\ j \in \mathbf{Z}\}$，位移平移参数仍然连续，该种类型的小波变换即为二进小波变换。其对应的小波函数为[138]：

$$a_0^{-\frac{j}{2}}\psi[a_0^{-j}(t-b)],\quad j = 0,\ \pm 1,\ \pm 2,\ \cdots \tag{4-6}$$

则对应的小波变换为：

$$WT_f(j,\ k) = a_0^{-\frac{j}{2}}\int_{-\infty}^{+\infty} f(t)\psi[a_0^{-\frac{j}{2}}(t-k)]\,\mathrm{d}t. \tag{4-7}$$

图像作为二维信号，在实际中有着非常广泛的应用。而图像是以矩阵形式存储于计算机中的，因此对于一幅图像可以认为是二维离散信号 $f(x, y)$，其尺寸为 $m×n$。

设 $\psi(x, y) \in L^2(R)$，若 $\psi(x, y)$ 满足：

$$\int_{-\infty}^{+\infty} \int_{-\infty}^{+\infty} \psi(x, y) \,dxdy = 0 \tag{4-8}$$

则 $\psi(x, y)$ 为二维基小波，其二维离散形式如下：

$$\psi_{j, k, m}(x, y) = 2^j \psi(2^j x - k, 2^j y - m) \tag{4-9}$$

则其二维离散小波变换为：

$$\langle f, \psi_{j, k, m} \rangle = 2^j \int_{-\infty}^{+\infty} \int_{-\infty}^{+\infty} f(x, y) \psi(2^j x - l, 2^j y - m) \,dxdy \tag{4-10}$$

对于 $f(x, y) \in L^2(R)$，其二维小波变换的尺度函数为：

$$\phi(x, y) = \phi(x)\phi(y) \tag{4-11}$$

此时，矢量空间 W_j 分解成了水平、垂直和对角三个矢量子空间 $W_{1, j}$，$W_{2, j}$，$W_{3, j}$，其对应的二维小波函数分别为：

$$\begin{cases} \psi_1(x, y) = \phi(x)\psi(y) \\ \psi_2(x, y) = \psi(x)\phi(y) \\ \psi_3(x, y) = \psi(x)\psi(y) \end{cases} \tag{4-12}$$

对图像进行多尺度小波分解，即可得到各个尺度下低频信息和高频细节信息，每一级由上一级的低频子图分解得到，按照二进小波分解，每一次分解都降维上一级的 1/4，具体公式如下：

$$\begin{cases} A_j f(x, y) = \langle f(x, y), 2^{-j}\phi(2^{-j}x - n)\phi(2^{-j}x - m) \rangle \\ D_j^1 f(x, y) = \langle f(x, y), 2^{-j}\phi(2^{-j}x - n)\psi(2^{-j}x - m) \rangle \\ D_j^2 f(x, y) = \langle f(x, y), 2^{-j}\psi(2^{-j}x - n)\phi(2^{-j}x - m) \rangle \\ D_j^3 f(x, y) = \langle f(x, y), 2^{-j}\psi(2^{-j}x - n)\psi(2^{-j}x - m) \rangle \end{cases} \tag{4-13}$$

式中：$A_j f(x, y)$ 为第 j 级低频分量；j 为分解级数；$D_j^1 f(x, y)$ 为第 j 级水平方向高频分量；$D_j^2 f(x, y)$ 为第 j 级垂直方向高频分量；$D_j^3 f(x, y)$ 为第 j 级对角线方向高频分量。

小波多尺度图像纹理增强算法流程如下[138]：

（1）对原始图像进行多尺度小波变换，得到模值图像和幅角值图像；

（2）选取局部区域内模值在幅角方向的局部极大值，得到纹理细节图像，将其余像素值置零；

（3）将各尺度下的纹理图像进行小波反变换，合并获取的图像纹理细节信息。

在实际应用中，本书使用 Mallat 快速算法[135, 136]，应用三阶 B 样条函数来对图像进行多尺度分析和纹理增强。

B 样条函数，由于其构造方法简单、易于操作；构造的小波均具有显示表达式；具有很好的光滑性；便于对问题进行深入的分析和估计等特性，使其在信号和图像降噪增强中有着广泛的应用。B 样条小波在时间和频率域上都能获得最佳的分辨率，并且能够清晰地检测出重要的图像特征，如极值、拐点、边缘等。B 样条小波函数是用分段多项式在区间内连接不同节点来建立的。B 样条是通过将 Haar 尺度函数与其自身的不断卷积而产生的，而一阶 B 样条尺度函数满足以下条件：

$$\psi(T) = N_1(t) = \begin{cases} 1, & -1 \leqslant t \leqslant 1 \\ 0, & \text{otherwise} \end{cases} \tag{4-14}$$

从 B 样条的定义可以看出，B 样条是通过卷积递推的形式定义的。首先，定义一阶 B 样条函数 $N_1(t)$（即 Haar 尺度函数），然后通过对 $N_{m-1}(t)$ 和 $N_1(t)$ 作卷积来定义 $N_m(t)$。

根据以上 B 样条小波的定义，k 阶 B 样条小波函数的表示式如公式（4-15）所示：

$$N_k(t) = \underbrace{N_1(t) \otimes \cdots \otimes N_1(t)}_{k} \tag{4-15}$$

式中：$\otimes$ 为卷积运算；$N_k(t)$ 为 k 阶 B 样条小波，又称 k-1 次 B 样条。

根据以上分析，可以得出 B 样条函数的定义域为：$[0, t]$ 的整个数轴，而其对称轴即为 $\frac{t}{2}$。

基于以上讨论，3 阶 2 次 B 样条小波的分段表达式如公式（4-16）所示：

$$N_3(t) = \begin{cases} \dfrac{1}{2}t^2 & 0 \leqslant t \leqslant 1 \\[2mm] \dfrac{1}{2}(-2t^2 + 6t - 3) & 1 \leqslant t \leqslant 2 \\[2mm] \dfrac{1}{2}(t^2 - 6t + 9) & 2 \leqslant t \leqslant 3 \end{cases} \tag{4-16}$$

其 1 阶、2 阶、3 阶的曲线如图 4-7 所示。

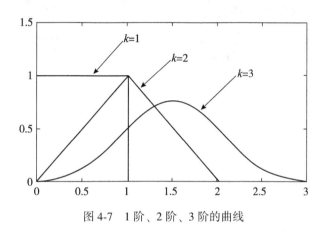

图 4-7 1 阶、2 阶、3 阶的曲线

本书采用三阶（二次）B 样条函数对图像进行小波多尺度分析[138]，其原因在于 B 样条小波所产生的滤波器对连续和低频信号都有很好的滤波效果。然而，在阶跃信号的处理中，B 样条小波的性能稍显不足，在焊缝射线图像中，边缘非常模糊，阶跃性信号较少，因此 B 样条小波适用于焊缝射线图像这种情况。B 样条基函数的阶数越高，曲线越平滑。然而也存在着随着阶数的增加，窗口也随之增大的问题，因此需要选择一个折中的方案，而三阶 B 样条函数具有很好的紧支撑，而且又足够光滑[139, 140]。

B 样条小波多尺度纹理增强过程中，为了有效地提取图像的局部纹理特征，在不同尺度下设置了不同的噪声检测阈值，从而降低噪声的影响，以获得清晰的纹理特征。本书在 3 个尺度下对焊缝射线图像进行纹理提取，如图 4-8 所示，最终对所有尺度下提取图像进行融合以达到图像增强的目的。

图 4-9（b）即为利用 B 样条小波对图 4-9（a）进行增强后的图像。从图中

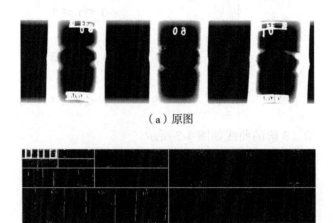

（a）原图

（b）三个尺度下的小波纹理提取效果

图 4-8 三个同尺度下纹理提取效果

可以发现焊缝特征得到了增强，但同时噪声信息虽然有所降低，但是却显得更加明显。这是由于焊缝射线图像在成像过程中由于其成像特点，本身就包含了大量的噪声，在小波增强后，图像的对比度整体得到了增强，因此即使噪声已经被降低很多，但在人眼视觉看来也会越发显得突兀，这部分噪声的灰度值相比焊缝部分具有较小的数值，分布比较离散。

4.3.2 相位对称性增强

在接下来的步骤中，将 B 样条小波特征增强后的图像（图 4-9（b））乘以原始图像（图 4-9（a））。两幅图像的乘法由图像对应位置的像素灰度值直接相乘，并将结果返回，其算法如公式（4-17）所示：

$$C(i, j) = A(i, j) \times B(i, j) \qquad (4\text{-}17)$$

如公式（4-17）所示，图 4-9（c）中输出图像的像素值是图 4-9（a）中图像的像素值乘以图 4-9（b）中图像的相应像素值。由于图 4-9（b）中的图像是特征增强图像（增强后的焊缝及文本信息与背景的对比度较大），因此在相乘后将增加纹理特征与背景之间的对比度。此外，图像中的噪声将被降低，因为图 4-9（b）中噪声部分的灰度值非常小，甚至接近零。因此，乘法运算可以增强纹理特征，抑制射线图像中的噪声，使基于相位对称的图像增强方法获得更好的效果。

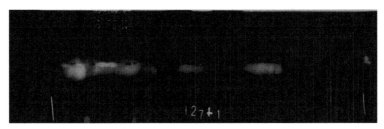

（a）获得的原始RT图像

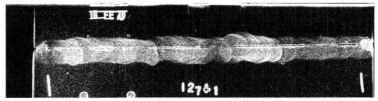

（b）B样条小波增强的特征

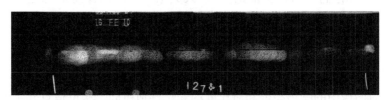

（c）与原始图像相乘

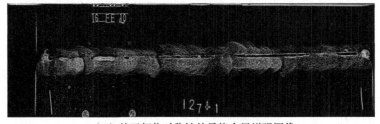

（d）基于相位对称性的最终全局增强图像

图4-9 本书提出的增强算法

8位深度图像的相乘会产生溢出现象，即相乘会得到灰度值大于255。因此，为了避免截断，降低图像质量，在执行乘法之前，将8位深度的图像转换为更大的数据类型，将其映射到16位的图像空间中，再执行乘法操作。最后，再转换回 8 位灰度图像。

　　在图像乘法这一步骤中，由于是小波增强后的图像与原图进行相乘，这样可以保证在乘法运算后，不会丢失图像的任何特征。又因为目标图像（焊缝）与背景的对比度增大，噪声降低，甚至为 0，使得相乘后的图像目标特征更为清晰、饱满、且含有原图中的所有信息；噪声部分因为灰度值很低，相乘后就更加拉大了噪声与目标图像的对比度。如图 4-9（c）所示，焊缝部分特征虽然突出，但是其细节纹理特征并不明显，再加上相乘后图像的两幅图像重叠效应，人眼并不容易观测出其更多的细节特征。

　　从本质上来讲，图像相乘这一步实现了焊缝区域的突出显示，以及对噪声的抑制，且没有丢失纹理细节特征。但是，更多的纹理特征仍隐藏于相对模糊的图像中。

　　Morrone 等[141]在针对马赫带的研究过程中发现特征信号总是出现在其傅里叶相位叠合最大点处，也就是信号傅里叶分量的相位一致性最大点处（虽然并不严格同相），由此他们给出大胆推论[142]：人类感觉到的图像特征总是位于相位一致性高的点上[143]。Ross 等[144]在此基础上做了进一步的研究和探索，证明这个模型成功地解释了人类在生理方面一系列其他特征感知的有效性和准确性。后续图像相位信息对于人类视觉系统敏感性的研究主要有：Fleet[145]在研究中指出，相位信息对图像中的噪声亮度和对比度的变化特别稳健，相位信息几乎不受噪声和灰度信息干扰，具有通用性和稳健性，这一点与人类生理现象一致。

　　在之前提到的 Kovesi 的研究[146]中，对称性和不对称性在图像灰度值中产生了特殊的相位图。将信号进行傅里叶级数展开后，其对称轴在图像的频率分量的周期内相位的最大点或最小点处，也就是所有的频率分量在周期内基于相位最一致的点处对称。求解出最对称的点，也就是人眼视觉最敏感的部分。

　　在对称点处，偶对称滤波器的输出绝对值大，奇对称滤波器的输出绝对值小。因此，对称性通常通过用偶对称滤波器输出的绝对值减去奇对称滤波器输出的绝对值来量化的[127, 147]，如图 4-10 所示。这相当于相位角余弦的绝对值减去相位角正弦的绝对值，如公式（4-8）所示。

　　为了结合滤波器多尺度的反馈信息，本书使用一个带权重的平均值。对于每一个尺度上的奇偶滤波器的差值，用振幅 A_n 作为该值的权重。产生的公式如

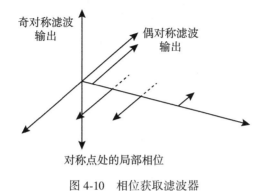

图 4-10　相位获取滤波器

下[37, 147]：

$$\mathrm{sym}(x) = \frac{\sum_n \lfloor A_n(x)[\,|\cos(\phi_n(x))| - |\sin(\phi_n(x))|\,] - T \rfloor}{\sum_n A_n(x) + \varepsilon} \qquad (4\text{-}18)$$

$$\mathrm{sym}(x) = \frac{\sum_n \lfloor [\,|e_n(x)| - |o_n(x)|\,] - T \rfloor}{\sum_n A_n(x) + \varepsilon} \qquad (4\text{-}19)$$

式中：A_n 为该点在尺度为 n 的滤波器上响应的幅度值；ε 为常数值，以防信号均匀分布时产生除数为 0 的情况；T 为噪声补偿项；e_n 为偶滤波器的输出值；o_n 为奇滤波器的输出值；$\sum_n$ 为对其差值进行求和。

　　在本节所提出的方法中，使用 Log-Gabor 小波来提取图像的空间和频率信息。该滤波器在对数频率范围内具有高斯传递函数，能够表达出与人类视觉系统感知一致的频率响应；Log-Gabor 滤波器可以构造任意大带宽滤波器，同时保持偶对称滤波器中的零 DC 分量，能够提供丰富的局部高频和低频信息[148]。由于对数函数在原点处的奇异性，不能在空域构造 Log-Gabor 函数的解析表达式，因此滤波器的构造应在频域中进行[148, 149]。在频域构造 Log-Gabor 滤波器，主要有 2 个控制参数：控制滤波器的频率分量 $G_\omega(\omega)$ 和滤波器方向的角度分量 $G_\theta(\theta)$，两者的乘积构成完整的 Log-Gabor 滤波器，其对应的表达式如公式（4-20）所示[150, 151]：

$$G(\omega,\ \theta) = G_\omega(\omega) \cdot G_\theta(\theta) = \exp\left(-\frac{\left(\log\left(\dfrac{\omega}{\omega_o}\right)\right)^2}{2\left(\log\left(\dfrac{k}{\omega_o}\right)\right)^2}\right) \exp\left(-\frac{(\theta - \theta_o)^2}{2\sigma_\theta^2}\right)$$

$$\omega_o = (\lambda_{\min} m^{s-1})^{-1}$$

$$(4\text{-}20)$$

式中：ω 为待滤波图像的频率；θ 为待滤波图像的方向；ε 为尺度参数；ω_o 为滤波器的中心频率；$\dfrac{k}{\omega_o}$ 为控制滤波器带宽，滤波器带宽 $= -\dfrac{2\sqrt{2}}{\sqrt{\ln 2}}\ln\left(\dfrac{k}{\omega_o}\right)$；$\lambda_{\min}$ 为滤波器的最小波长，滤波器尺度由人为设定的最小波长 $\lambda_{\min}$ 决定；m 为相邻尺度间的比例因子；s 为取值为自然数；θ_o 为滤波器方向角度；σ_θ 为决定角度带宽 $\Delta\Omega = 2\sigma_\theta\sqrt{2\lg 2}$，本书所使用的角度间隔为：$\Delta\theta = \dfrac{180°}{N_r}$；本书设定的 N_r 值为 4。

通过对 Log-Gabor 采用逆傅里叶变换获得的实部和虚部分别称为 Log-Gabor 偶对称小波项 M^e 和 Log-Gabor 奇对称小波项 M^o。二维图像 I 与偶对称小波项及奇对称小波项的卷积结果滤波响应向量，如公式（4-21）[127] 所示：

$$[e_n(x),\ o_n(x)] = [I(x) \otimes M^e,\ I(x) \otimes M^O] \qquad (4\text{-}21)$$

式中：$e_n(x)$ 为 M^e 在给定尺度、方向上的响应，$o_n(x)$ 为 M^o 在给定尺度、方向上的响应。

因此，在该尺度和方向上的幅值和相位即可通过公式（4-22）和公式（4-23）获得：

$$A_n(x) = \sqrt{e_n(x)^2 + O_n(x)^2} \qquad (4\text{-}22)$$

$$\phi_n(x) = \arctan(e_n(x),\ o_n(x)) \qquad (4\text{-}23)$$

图像中的每个点均可获得上述响应，因此它们可用来表示图像信号局部结构的特征。相位一致性实质上是一种利用傅里叶谐波分量描述信号局部强度特征值的方法。将上述数据代入公式（4-18）和公式（4-19）即可获得相位对称性度量的数值，该值是一个无量纲量。图 4-9（d）即为用相位对称性算法对焊缝射线图像全局增强后的图像，可以发现焊缝和文本的纹理特征清晰，且图中未融合缺陷清晰可见，易于人眼视觉检测。

4.4 增强算法验证

本书选取了来自某型号汽轮机的 260 个焊缝射线胶片，并对其进行数字化扫描，得到焊缝射线数字图像，并用这些图像对所提出的方法进行了评价，结果显示该算法具有显著的基于人眼视觉的增强效果。

此外，本书研究时，还结合了英国无损检测研究院研究者给予的建议，使用了由 Domingo Mery[42] 教授提供的 GDX 射线图像数据库中的焊缝射线图像进行进一步的方法验证，结果表明所提出的方法具有非常显著的增强效果。如图 4-11 至图 4-16 所示，共有五组，每组有两个图像。上部图片为原图，下部图像为用本章所提方法增强后的图像。

(a) 射线图像原图

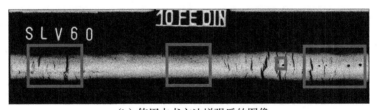

(b) 使用本书方法增强后的图像

图 4-11　使用本书方法对焊缝图像进行增强的对比效果（一）

图 4-11 中，在使用本书方法对焊缝射线图像进行增强后获得的图 4-11（b）中，四个方框标示的部位可以很清晰地观测和辨析出焊缝的缺陷（气孔、裂缝、夹渣等），但是这些缺陷在原图 4-11（a）中人眼几乎无法发现，并且人眼对图像（a）很不适应，易产生眼睛疲劳、头晕的症状。另外，图像文本部分和像质

计也可以清晰地辨识出来。

图 4-12 中，图 4-12（b）为使用本书方法增强后的焊缝射线图像，可以清晰地发现两个方框标示的水平裂缝缺陷，但在原始图像 4-12（a）中这些几乎无法发现。

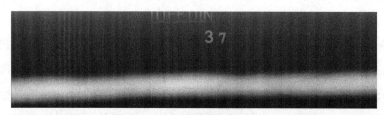

(a) 射线图像原图

(b) 使用本书方法增强后的图像

图 4-12　使用本书方法对焊缝图像进行增强对比效果（二）

图 4-13 中，图 4-13（b）为使用本书方法增强后的焊缝射线图像，可以清晰地发现两个方框标示的裂纹缺陷，但在原始图像 4-13（a）中这些几乎无法发现。

图 4-14 中，图 4-14（b）为使用本书方法增强后的焊缝射线图像，两个方框标示的缺陷，左边方框为对原图缺陷的增强，右边的方框在原图中几乎无法发现。

图 4-15 中，图 4-15（b）为使用本书方法增强后的焊缝射线图像，可以清晰地发现两个方框标示的缺陷，这些缺陷在原图中虽然也可以发现，但是细节模糊，边缘不清晰，增强后的图像能非常清晰地反映这些缺陷。

图 4-16 中，图 4-16（b）为使用本书方法增强后的焊缝射线图像，可以清晰地发现两个方框标示出的缺陷，其中灰色和白色这两个方框为显示的纵向裂纹缺陷可以清晰地用人眼辨识和确认，这些缺陷在原图中极其细微；极容易发生漏检

（a）射线图像原图

（b）使用本书方法增强后的图像

图 4-13 使用本书方法对焊缝图像进行增强对比效果（三）

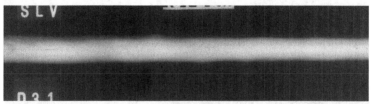

（a）射线图像原图

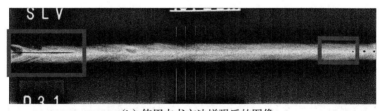

（b）使用本书方法增强后的图像

图 4-14 使用本书方法对焊缝图像进行增强对比效果（四）

的问题，在增强后的图像能非常清晰地反映这些缺陷。同时也发现增强后的图像中有黑色圆点，而这在 GDX 的数据库中并没有被标示出来，但是确实存在，比较细微，这也说明了人工评片的主观性，以及不同人员评片可能存在差异性。

(a) 射线图像原图

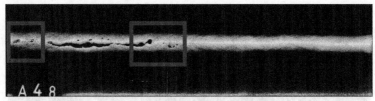

(b) 使用本书方法增强后的图像

图 4-15　使用本书方法对焊缝图像进行增强对比效果（五）

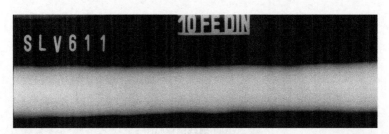

(a) 射线图像原图

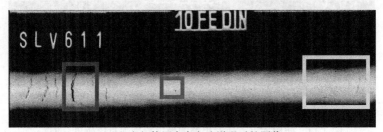

(b) 使用本书方法增强后的图像

图 4-16　使用本书方法对焊缝图像进行增强对比效果（六）

从以上对比图中可以直观地发现本书提出的算法具有非常显著的增强效果，但是为了客观和定量地分析本书所提出的方法的性能，本书使用了一种全参考图像质量评价方法来对其进行评估[125, 152]。同时将本书提出的方法与其他五种常用的图像增强方法进行了对比，这五种方法即线性拉伸法、图像直方图均衡法、图像对数拉伸法和多尺度彩色恢复法（Multi-Scale Retinex with Colour Restoration, MSRCR）[153]。所获得的比较结果见表4-1。

表 4-1　　　　　　　　　　**图像增强方法的对比结果[12, 125]**

方法对比	MAE	MSE	PSNR	SSIM
Linear Strength[125, 154]	69. 637	7780. 5	11. 057	0. 467
Histogram Equalization[155-157]	109. 43	15594	7. 960	0. 371
Logarithmic[158]	47. 091	3194. 2	7. 324	0. 347
MSRCR[153, 159, 160]	83. 649	8284. 1	3. 424	0. 264
本书提出的方法	28. 3643	3783. 9	12. 352	0. 481

平均绝对误差（Mean Absolute Error, MAE）主要被用来衡量原图与增强后最终图像接近的程度。因此，MAE越低，增强的图像与原始图像相比其变化的程度就越小。如表4-1所示，用本书所提出的方法增强后的图像与原图差异性最小。这表明该算法能够最大限度地保留原图中的信息。

均方误差（Mean Square Error, MSE）用于反映这两幅图像之间的差异，其数值越低，代表着原始图像和增强后图像之间的方差也就越低。也就是两幅图像之间的差异性就越小，本书提出的方法给出了一个非常接近于其他方法所达到的最小值的结果。

峰值信噪比（Peak Signal-to-Noise Ratio, PSNR）表示信号的最大功率与影响其保真度的噪声的功率之间的比率。两幅图像的PSNR值越大，图像越相似。该方法得到的PSNR值最高。

结构相似性指数（Structural Similarity, SSIM）表示两个图像的结构相似性指标。该值越大，代表相似性越好，本书方法增强后的图像与原图在结构上相似性最优。

以上评估算法的数学表达式参见附录A。

本书同时也将提出的算法与领域内的其他同类算法（增强效果如图 4-17 所示）进行了实际对比：

从图 4-17 中可以发现，文献［25］提出的算法将背景与噪声同时增强，增强后的图像中焊缝区域并不突出，并不利于人眼视觉对缺陷的判定；文献［125］提出的算法是基于分割后的图像对某一特定区域的增强效果，并不适用于对射线图像的整体评价，其实际应用效率较低。

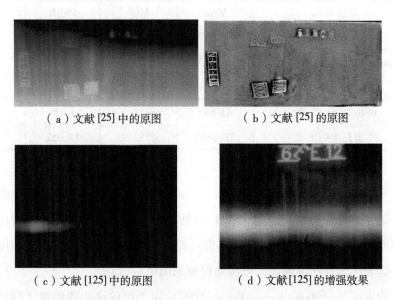

（a）文献[25]中的原图　　　　　　（b）文献[25]的原图

（c）文献[125]中的原图　　　　　　（d）文献[125]的增强效果

图 4-17　同类算法增强效果

基于上述结果，本书提出的方法对焊缝射线图像的增强具有显著的潜力，且能较好地还原图像中焊缝的纹理信息，同时也不会带来新的噪声，避免导致伪缺陷的产生而对评片产生干扰，是一种有助于检验人员快速确定是否存在缺陷并确认其类型的实用方法。

4.5　增强参数设定

本书提出的算法虽然一定程度上增强了人眼对焊缝射线图像特征识别的能力，但是在验证中我们也发现该算法并非对所有焊缝射线图像都有较好的增强效果。本节针对算法的适用范围及参数设定展开进一步的研究，由本章第三节的分析可知，为了获取图像相位对称性度量的数值，使用 Log-Gabor 小波提取图像的空间和频率信息，而其中的最小尺度波长 λ_{min} 是通过人工经验设置的，这里的波长为奈奎斯特波长，与图像中的像素距离相对应，该值的取值下限为 2，即 2 个像素[161, 162]，因此，针对该值以及图像的属性信息展开分析，以期找出之间的关联性，表 4-2 即为增强效果较好图像的设置参数及其属性信息的具体数据（图像名称与 GDXray 数据库中图像相对应）。

表 4-2   参数设置与图像属性数据

图像名称	λ_{min}	分辨率-对角线	均值	方差	标准差	偏度	熵
RRT-213R. tif	3	5157.42	76.6305	349.4431	18.6934	0.4801	0.0331
RRT-101R	9	5154.485	99.1056	5973.8	77.29036	0.395	0.0027
fly2	2	6816.467	21.3417	2006.3	44.79174	2.3783	0.7924
RRT-10R. tif	3	5149.818	50.0017	2152.8	46.39828	1.9344	0.000923
RRT-90R. tif	5	5145.99	65.0812	3688.1	60.72973	1.327	0.000565
RRT-88R. tif	6	5149.674	72.1437	3064	55.35341	0.941	0.0022
RRT-99R. tif	7	5146.738	101.0258	5833.4	76.3767	0.4167	0.0028
RRT-23R. tif	9	5154.646	97.17	6164	78.51497	0.345	0.0043
RRT-30R. tif	8	5151.016	67.15	4660.98	68.27137	1.2435	0.002
RRT-40R. tif	9	5153.365	70.0806	2125.4	46.10206	1.0756	0.001
z3. bmp	3	5955.838	27.6297	3681.2	60.67289	2.4274	0.8119
RRT-94R. tif	5	5121.984	97.9211	1601	40.0125	0.174	0.0016

为了进一步分析最小尺度波长 λ_{min} 取值与图像属性信息的相关性，本书应用数据分析中分析向量相关性的方法——皮尔逊相关系数法（Pearson Correlation Coefficient）对其进行定量分析[163, 164]。该方法的原理是：两列随机变量是否相关，取决于其联合概率密度函数，如该函数的协方差大于 0 为正相关，小于 0 则为负相关，数值越大相关性越强，1 代表为两列向量相同，其取值为 [-1, 1]

之间，其计算方法如下[165]：

$$\rho(A, B) = \frac{1}{N-1} \sum_{i=1}^{N} \left(\left(\frac{A_i - \mu A}{\sigma A} \right) \left(\frac{B_i - \mu B}{\sigma B} \right) \right) \tag{4-24}$$

式中：μA 为变量 A 的均值，σA 为变量 A 的标准差，μB 为变量 B 的均值，σB 为变量 B 的标准差，N 为随机变量中观测值的数目。

因此，皮尔逊相关系数亦可以由下式定义：

$$\rho(A, B) = \frac{\text{Cov}(A, B)}{\sigma A \sigma B} \tag{4-25}$$

式中：$\text{Cov}(A, B)$ 为 A、B 两列随机变量的协方差。

表 4-3 为 $\lambda_{\min}$ 取值与图像属性信息的皮尔逊相关系数矩阵，表中的数值为每组变量组合的相关系数，因此其关于对角线对称。

表 4-3　　　　　　　　　　　　　　皮尔逊相关系数矩阵

相关系数	$\lambda_{\min}$	分辨率	均值	方差	标准差	偏度	熵
$\lambda_{\min}$	1						
分辨率	-0.59359	1					
均值	0.783459	-0.7656	1				
方差	0.500244	-0.20031	0.40867	1			
标准差	0.484475	-0.14651	0.31061	0.98180	1		
偏度	-0.72318	0.715367	-0.9726	-0.2479	-0.1335486	1	
熵	-0.61269	0.929295	-0.7959	-0.1576	-0.1027079	0.7621082	1

实验数据表明，$\lambda_{\min}$ 的数值与图像的灰度均值强正相关，图像灰度分布的偏度强负相关，偏度是对图像中像素分布的对称性的描述，其值越大表明越不对称，其值为 0 时为理想的对称正态分布。

其计算公式如下：

$$S_k = \frac{u_3}{u_2^{\frac{3}{2}}} = \frac{u_3}{\sigma^3} \tag{4-26}$$

式中：S_k 为分布的偏度；u_3 为 3 阶中心矩；σ 为标准差。

一般来说，图像的偏度越大，其 λ_{min} 的值设定应越小，而均值则相反。这是因为焊缝射线图像普遍存在灰度值低的特性，因此，其灰度均值越小，将会导致整个图像灰度分布的偏度越大。图 4-18 数值拟合图进一步验证了 λ_{min} 随图像灰度均值与偏度的变化趋势。

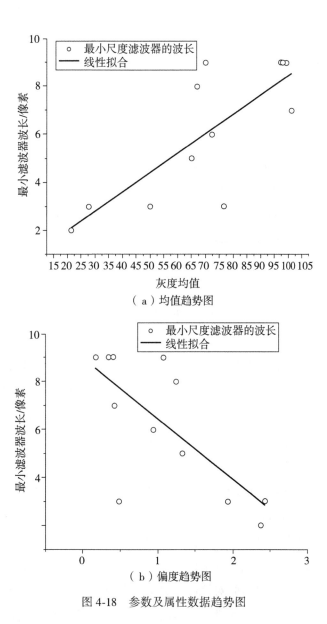

（a）均值趋势图

（b）偏度趋势图

图 4-18　参数及属性数据趋势图

通过进一步查阅相关文献发现，国内外研究者在医学射线图像中也发现偏度对于图像特征区域的提取是一个重要的参数。如 Benjamin Fritz 等发现在增强后的图像中偏度值在鉴别软骨瘤与软骨肉瘤及软骨肉瘤的分级中具有显著统计学意义[166]。Hersh Chandarana 等通过对全病灶 MRI 增强图像的直方图分析发现，肾脏透明细胞癌的偏度值显著小于乳头状细胞癌[167]。Ankur Goyal 等发现在增强后的数据序列中皮髓期的偏度值在肾脏透明细胞与非透明细胞癌之间具有统计学意义[168]。国内也有学者发现偏度在医学射线图像中对诊断病症具有显著的统计学意义，例如：迟淑萍等在对肺结节的 CT 图像的灰度直方图进行分析时发现，恶性结节的偏度值要大于良性结节，并认为这种差异是由于恶性结节成分复杂，CT 值变化大造成的[169]。

因此，本书从射线图像灰度分布均值和偏度入手，对 260 张细节特征丰富的数字化焊缝进行增强实验，以验证 WEPS 算法的适用范围。实验结果表明，当灰度均值低于 20，且偏度大于 2.8 时，无论怎么调整参数，都无法得到较好的增强效果，同时实验结果也进一步验证了：灰度均值越小，偏度越大，其对应的 $\lambda_{\min}$ 的值设定应越小。

4.6　本 章 小 结

本章在分析对称性和相位对人眼视觉影响的基础上，针对焊缝射线图像噪声大、对比度低、边缘模糊的特点，提出了一种将小波增强与相位对称性相结合的焊缝射线图像增强方法（WEPS）。WEPS 算法的原理是利用 B 样条小波对焊缝射线图像进行去噪，并对其进行纹理特征增强，将处理后的图像与原始焊缝图像相乘，再针对处理后图像检测其对称相位的信息，并以此来重构射线图像。该方法可以对低对比度、低灰度值的焊缝射线图像中的关键特征信息（如焊缝和文本）进行基于人眼视觉的增强，且不需要对图形进行预处理。该方法解决了目前方法增强射线图像时存在的噪声放大、模糊图像、细节丢失等问题。进一步地评估数据表明，本文的增强算法相较其他典型算法在焊缝射线图像的增强方面具有显著优势。同时，本章也通过实验对算法的关键参数取值与图像灰度分布的均值以及偏度的相关性进行了讨论，并进一步给出了该算法适用的边界条件。

第5章　射线图像中文本信息
检测与识别的研究

5.1　引　言

对数字化射线图像归档、检索的效率是制约射线检测技术效率提升、成本降低的另一重要因素。而其中的关键即为对射线图像上焊缝属性信息的提取与识别，亦即为图像中文本字符信息的识别。

虽然目前字符识别技术已有较为成熟的发展和应用，如文本识别、车牌识别等。但焊缝射线图像中文本字符识别有所不同，由于焊缝射线图像成像过程的特殊性，造成焊缝图像中字符与焊缝灰度值区间交叉重叠，且边缘模糊；字符在射线图像中因射线的投影导致其每个字符的字体都可能不同于其他字符，大小也可能不尽相同，也并非成行成列整齐地排列，也可能会出现不同程度的倾斜，也有可能出现多个字符粘连在一起，甚至其在图像中也没有固定的位置，这些特性使得现有字符识别技术远无法解决焊缝射线图像中文本字符的识别问题。因此，基于计算机视觉的焊缝射线图像文本字符自动识别是一项非常有价值并且富有挑战性的研究，需要对其开发具有针对性的焊缝射线图像字符识别算法。

本章对焊缝射线图像中文本字符的提取与识别方法进行了细致的研究，对文本字符的检测与提取提出了一种新的基于卷积和频域滤波的文本检测算法，使提取的精准率值达到96%。针对提取出的倾斜和粘连字符，本节在拉东（Radon）变换的基础上提出了一种新的倾斜校正算法和基于等高线原理的字符分割算法，接着利用卷积神经网络对倾斜校正和粘连分割后的特征字符进行识别，使识别的准确率达到了 98.48%，提高了焊缝射线胶片的数字化扫描、存储、归档、检索的准确率和效率，最后，基于准确率评价，对比分析了不同文本字符识别算法在本课题应用下的优劣。

5.2　焊缝射线图像文本字符特征分析

迄今为止，关于焊缝射线图像中文本字符的识别公开的研究还非常少[31, 170, 171]。而这又恰恰是射线图像归档和检索的关键，也是目前在工业生产中制约检测效率提升的关键性因素。本节以某一汽轮机装备制造企业中使用的典型射线图像为例，如图 5-1 所示，对其图像上文本字符的提取识别展开研究。

如图 5-1 所示：焊缝射线图像通常包含三个主要部分：

（1）焊接工件的基本材料部分，即焊缝射线图像的背景部分。这部分占据图像的大部分区域，通常是具有低灰度值的黑色区域，在图像进行傅里叶变换后属于低频区域，如图 5-1 中的 A 区域所示。

（2）焊缝部分，通常位于焊缝射线图像的中间部位，一般横穿整个图像，如图 5-1 中的 B 区域所示。

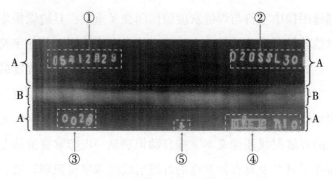

图 5-1　本书研究的某典型焊缝射线图像

（3）文本信息部分，主要由数字、字母和一些简单的汉字组成。

其中文本信息部分，主要为了标记以下五类信息：

（1）焊缝射线图像生成的日期，如图 5-1 中①所示；

（2）焊缝所在的项目编号，如图 5-1 中②所示；

（3）焊缝所在的零件号，如图 5-1 中③所示；

（4）像质计（Image Quality Indicator，IQI）信息，如图 5-1 中④所示。（像质计信息本身不包含在属性信息中）；

（5）其他标记信息（如定位标记等，并非所有焊缝射线图像都包含此类元素），如图 5-1 中⑤所示。

由以上分析可知，从焊缝射线图像中获取属性信息的主要问题是射线图像中的文本检测，以本节研究的某典型射线图像为例，就是从图像中检测出文本信息部分，即图 5-1 中①②和③所示的部分。分析数据的同时也表明该部分字符在焊缝射线图像中具有不同于其他场景的特点，以及由此带来的对其识别的难点：

（1）就图像灰度值而言，字符部分的灰度值与图像中焊缝部分的灰度值较接近，两者间灰度值区间交叉重叠。

（2）字符在射线图像中的字体不统一、大小也可能不尽相同。

（3）单个字符可能会出现不同程度的倾斜，也有可能出现多个字符粘连在一起。

（4）字符在图像中没有固定的位置。

基于以上分析，本书将焊缝射线图像文本字符识别研究分两步展开，分别为：①文本字符的检测与提取；②文本字符的矫正及识别的研究。

5.3 射线图像文本检测的研究

5.3.1 文本检测的理论背景

目前，文本检测方法主要分为以下三种：

第一种是光学字符识别，主要用于印刷文档的文本检测。印刷文档通常具有文本和背景之间的高对比度，使用相同的字体，字符整齐地排成同一行或同一列[172-174]等特性。与之相反，焊缝射线图像中的文本信息可能具有不同的字体，字符也可能不是成行、成列地排在一起，并且文本字符与背景的对比度也可能会出现很低的情况，因此，OCR 技术不适用于焊缝射线图像的文本检测。

第二种是自然场景中的文本检测。由于背景杂乱无章、光线多变、视角多样以及外观和字体的不同设计等，使得自然场景中文本的检测和定位具有非常大的挑战性[175]。到目前为止，国内外研究学者在自然场景中的文本检测方面做了大量的工作，取得了一些成绩。Matas 等提出利用最大稳定极值区域算法来提取图像的最大稳定连通区域，因为图像中的文本区域大体都相对于背景区域具有稳定和相对一致的灰度范围，因此 MSER 算法在实现文本检测与定位中具有很强的鲁棒性和实用性。Epshtein 等[176]提出了基于笔画宽度变换（Stroke Width Transform，SWT）的文本检测算法，该算法不再依赖于多尺度计算或扫描窗口，使得该算法具有很快的速度和很强的鲁棒性。这两种算法是目前在自然场景文本检测中使用最为广泛的两种基础算法。其他算法大多是在这两种算法的基础上进行的改进和扩展。而在焊缝射线图像中焊缝区域和字符区域一样具有相对稳定和一致的灰度范围，因此这两种方法也不适用于焊缝射线图像，实验数据也表明这两种算法很难高效地提取出焊缝射线图像文本字符。

第三种是石刻和书法作品的文本检测。其主要方法是对图像的行和列执行扫描操作，并计算每个列和行的积分，如图 5-2 所示[177]。通过分析每一行和每一列的积分值对字符进行分割。然而，由于焊缝射线的字符位于焊缝的两侧，且焊缝横穿整个图像，阻碍了射线图像的垂直扫描。因此，该方法也不能解决焊缝射线图像中的文本检测问题。

综上所述，目前主流的文本检测方法很难应用于焊缝射线图像。针对射线图像的文本检测的研究成果相对较少，且主要集中在国内，如 Tang 等[156]提出了一种基于积分投影的射线图像中文本字符检测方法，该方法对固定位置的文本字符具有一定的效果。但是该方法在针对多个具有不同位置，尤其是当字符分布于焊缝两侧（图 5-1 所示）的情况时，几乎无法完成检测任务；虽然该方法提出了一些合理性的探讨，但是仍具有一定的局限性。因此，焊缝射线图像中字符的检测与提取仍然是一项具有挑战性的任务。

5.3.2　基于频域滤波的文本检测算法

本节提出了一种基于频域滤波的焊缝射线图像文本自动检测算法。该方法的技术路线如图 5-3 所示。

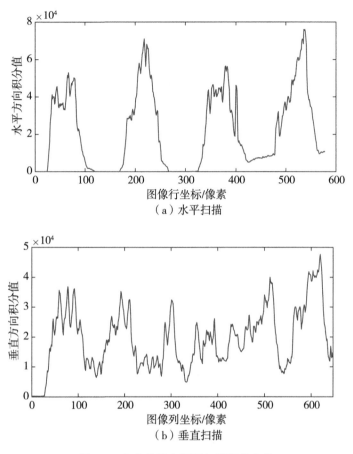

（a）水平扫描

（b）垂直扫描

图 5-2　文本检测中行列扫描积分曲线

　　焊缝射线图像中的关键信息主要包含两类信息：焊缝信息和文本信息（图像中的基底为黑色，即图像的背景，不包含可使用的信息）。通过对大量的焊缝射线图像进行分析，发现由于焊缝射线图像成像过程的特殊性，导致焊缝图像中经常出现边缘模糊的情况，即焊缝中灰度信息是逐渐变化的，没有明确的分界。而文本字符是通过射线对铅字的穿透形成的，因此图像中字符部分的边缘比较清晰，且其内部灰度值相对稳定。综合来看，焊缝和文本字符的灰度值都很低而且很接近，在 8 位（灰度范围 0~255）的焊缝射线图像中两者的灰度值都集中在 0 到 50 之间，如图 5-4 所示，相互交叉重叠。

109

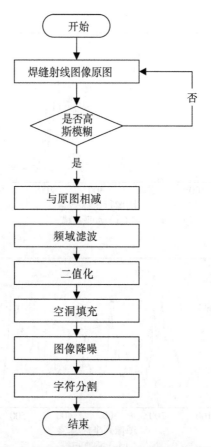

图 5-3　焊缝射线图像文本检测的技术路线

　　文本字符在焊缝射线图像上的位置并不固定。由于操作环境和焊接工件表面形状不规则等原因,在焊缝射线图像中的文本字符可能出现在焊缝部位以外的其他任何区域。因此,基于图像空间信息(如基于灰度阈值的文本定位)的方法很难解决焊缝射线图像中的文本检测问题。

　　由于焊缝边缘模糊,且焊缝边缘和基体之间的过渡是平滑的,因此,采用高斯模糊方法对整个焊缝图像进行处理,使焊缝更加完整,细节更加模糊。但由于文本字符具有清晰的边界且内部稳定,因此模糊操作后,文本字符并不会产生与背景模糊的现象。本书将二维高斯曲面与原始图像进行卷积处理以实现对图像的模糊操作。

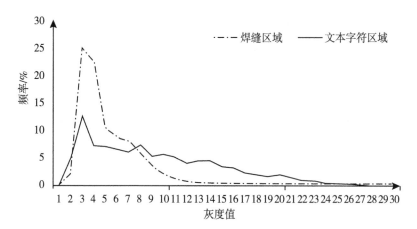

图 5-4 典型焊缝和文本字符的灰度分布图

高斯曲面的数学表达式如公式（5-1）所示[52, 178]：

$$f(x, \ y) = \frac{1}{2\pi\sigma^2}\exp\left(-\left(\frac{(x - x_0)^2}{2\sigma_x^2} + \frac{(y - y_0)^2}{2\sigma_y^2}\right)\right) \tag{5-1}$$

式中：x_0 为中心点的横坐标；y_0 为中心点的纵坐标；σ_x 为 x 方向的标准差；σ_y 为 y 方向的标准差。

高斯模糊算法的原理如图 5-5 所示。

（a）高斯曲面　　　（b）原始焊缝表面　　　（c）高斯模糊后焊缝表面

图 5-5　二维高斯曲面卷积示意图

其中用来作卷积的高斯曲面如图 5-5（a）所示。图 5-5（b）是本书研究的典型的原始焊缝图像表面，其 X 轴和 Y 轴分别代表焊缝射线图像的行和列，而 Z 轴是每个点对应的灰度值。图 5-5（c）为卷积后的焊缝表面。可以清楚地看出，焊缝表面在卷积后变得非常平滑，这表明焊缝部分在图像上变得更加模糊。该步的目的是使焊缝与图像的底材更加紧密地融合在一起，使其与背景模糊成一个整体。此步骤的完整图片如图 5-6（b）所示。

接下来，如图 5-6（a）所示，从原始图像中减去高斯模糊图像，效果如图 5-6（b）所示，该步骤的目的是增加焊缝射线图像文本部分的边缘特征，使其更为清晰、锐利。由于焊缝的边缘原本就是模糊的，因此其在高斯模糊后变得更加融化到背景图像中。由于做完图像减法后，一些像素的灰度值可能变为负值，因此在这一步之后，需要对所有的灰度值按照从小到大的区间全部进行归一标准化处理，即将灰度值表示为 0~1 之间的数值，如图 5-6（c）所示。

在图 5-6（c）中，图像中文本字符的边缘得到了增强，文本内部的灰度与基底趋于相同。局部焊缝的细节仍保留在图像中，因此在这里使用基于梯度的边缘检测并不能解决问题，因为部分焊缝信息会被误认为文本信息而被检测出来。通过观察图像，可以清楚地看到图像整体没有陡峭的灰度梯度，并且灰度值非常集中。因此，本书采用频域滤波方法来检测图像文本。

在高斯模糊相减处理后焊缝射线图像（如图 5-6（c）所示）中，文本字符信息的边缘部分相对于图像的背景有比较清晰的轮廓，该部分信息属于高频信息，其他部分灰度值起伏变化较为平缓，为低频信息。因此，将图像变换到频域中，并使用高通滤波器对图像进行滤波，是提取文本信息的有效方法。图 5-7 所示的是本节所使用的频域滤波器示意图。

图 5-6（d）为已在频域进行高通滤波操作，并转换为空域的图像。由图可以看出，图像中文本字符部分的灰度水平已经明显地从焊缝和底材背景图像上分离出来。对图 5-6（d）进行灰度直方图分析，可以更直观地发现文本字符的灰度区域已经和图像其他部分分离开来，如图 5-8 所示，箭头指示的区域即为文本字符的灰度分布区域，其余部分则为射线图像中焊缝、底材部分的灰度分布区域。因此，采用阈值分割的方法就可以对文本字符信息进行提取。

基于阈值的图像分割方法是目前图像分割领域中应用最为广泛的一种图像分割技术，因其算法复杂度低，运算效果稳定，分割效率高等特点在图像分割和边缘检测中有着非常广泛的应用。阈值分割技术的关键在于计算并获取最优阈值，并以此将图像中的各个像素点进行相应地归类，从而实现图像分割的结果。在众

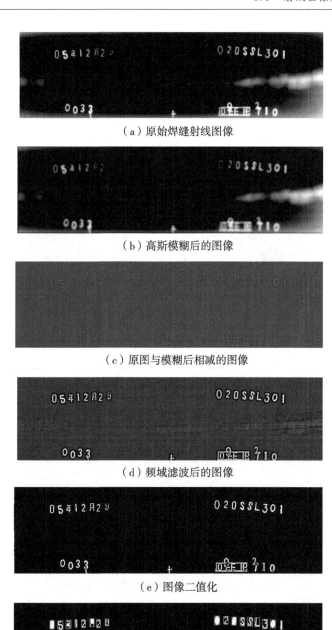

（a）原始焊缝射线图像

（b）高斯模糊后的图像

（c）原图与模糊后相减的图像

（d）频域滤波后的图像

（e）图像二值化

（f）字符分割与边缘降噪

图 5-6　焊缝射线图像字符检测分步示意图

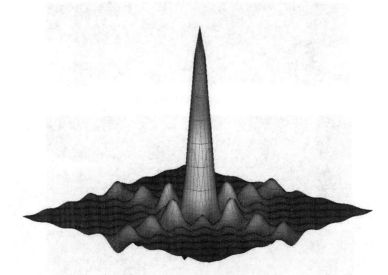

图 5-7 本书所使用频域滤波器

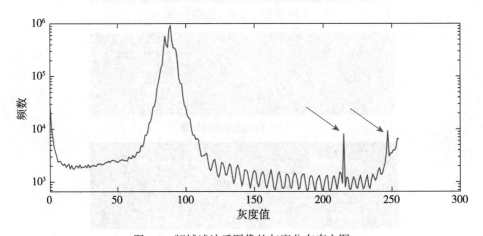

图 5-8 频域滤波后图像的灰度分布直方图

多阈值分割技术中，日本人 Otsu 于 1979 年提出了最大类间方差法，也称大津法，由于其计算简单、稳定性好、不受亮度和对比度的影响，已被广泛应用于数字图像处理领域[179]，本书采用 Otsu 方法对图像进行二值化。

阈值分割的原理是选取 $k(k \geqslant 1)$ 个阈值将图像中像素划分为 $k + 1$ 个类，如果 $k = 1$，即为二值化分割。设待处理图像为 I，阈值 T 将其二值化分割，其分割

结果 S 可用式 (5-2) 形象化地表示:

$$S(x, y) = \begin{cases} 1, & I(x, y) \geqslant T \\ 0, & I(x, y) < T \end{cases} \tag{5-2}$$

进一步假定图像 I 的大小为 $M \times N$,灰度级 $G = \{0, 1, \cdots, L-1\}$($L =$ 256), 则可推出图像中所有像素的个数:

$$M \times N = \sum_{i=0}^{L-1} n_i \tag{5-3}$$

式中: n_i 为灰度值为 i 的像素的总数。

该像素在图像中的所占比率为:

$$p_i = \frac{n_i}{M \times N}, \ (p_i \geqslant 0, \ i \in G) \tag{5-4}$$

对其累加求和则可得出: $\sum_{i=0}^{L-1} p_i = 1$, 进一步可推导出整幅图像的平均灰度值为:

$$\mu_T = \sum_{i=0}^{L-1} i p_i \tag{5-5}$$

当使用阈值 t 将图像 I 分为背景区域 C_1(像素值范围 $[0, t]$, 对应本书的焊缝和背景底材区域) 和目标区域 C_2(像素值范围 $[t+1, L-1]$, 对应本书的文本字符区域) 两类时,两类的概率分别为:

$$\omega_1(t) = \sum_{i=0}^{t} p_i \tag{5-6}$$

$$\omega_2(t) = \sum_{i=t+1}^{L-1} p_i \tag{5-7}$$

则可推出两类的平均灰度值为:

$$\mu_1(t) = \sum_{i=0}^{t} \frac{i p_i}{\omega_1(t)} \tag{5-8}$$

$$\mu_2(t) = \sum_{i=t+1}^{L-1} \frac{i p_i}{\omega_2(t)} \tag{5-9}$$

则目标与背景两个区域的总类间方差可以通过下式计算获得[46]:

$$\sigma_B^2(t) = \omega_1(t)(\mu_1(t) - \mu_T)^2 + \omega_2(t)(\mu_2(t) - \mu_T)^2 \tag{5-10}$$

Otsu 阈值分割算法的目的在于寻找最优阈值 t^*, 使得类间方差 $\sigma_B^2(t)$ 达到

最大值，即

$$t^* = \arg \max_{0 \leqslant t \leqslant l-1} \{\sigma_B^2(t)\} \tag{5-11}$$

图 5-6（e）即为使用 Otsu 算法将高斯滤波后的图像进行二值化处理后的图像。在本书中，数学形态学的闭运算被用来填充文本字符中的内部空洞。数学形态学（Mathematical Morphological，MM）是一种非常有效的基于非线性局部算子的图像处理工具。该算法最初是由 Serra 等[180]开发的，是一种对几何结构进行定量描述的图像分析的集合论方法。数学形态学的基本思想是利用具有一定形态的结构元素（Structural Elements，SE）来分析、测量和提取图像信息。在二维图像中结构元素一般要比待处理的图像要小得多，膨胀和侵蚀操作是形态数学图像处理的基础。许多算法都是基于这两个操作的延伸和扩展，其具体运算过程如下：

设有二值图像 I，I 是被处理的对象，S 为结构元素，I 和 S 是 z^2 的子集。

令原本位于原点的结构元素 S，在 I 上移动，当 S 的原点平移至 z 点时，S 能完全包含于图像 I 中，则所有这样 z 点构成的结合，即为 S 对图像 I 的腐蚀图像，如图 5-9 所示。如把 S 看成一个卷积核，腐蚀运算即为图像 I 与 S 卷积的过程。

用 S 对 I 的腐蚀运算，记作：$I \Theta S$，其数学定义如式（5-12）所示：

$$I \Theta S = \{z \mid (S)_z \subseteq I\} = \{z \mid (S)_z \cap I^c = \varnothing\} \tag{5-12}$$

式中：I^c 为图像 I 的补集。

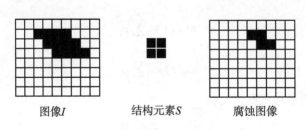

图像 I　　　　结构元素 S　　　　腐蚀图像

图 5-9　腐蚀运算示意图

由图 5-9 可以发现，腐蚀运算本质是求局部最小值的操作，与之相对的膨胀运算就是求局部最大值的操作。令结构元素 S，在 I 上移动，当 S 的原点平移至 z 点时，S 相对于其自身的原点映像 S 与 I 有交集，则所有这样 z 点构成的结合，即为 S 对图像 I 的膨胀图像，如图 5-10 所示，其数学表达式如式（5-13）所示：

$$I \oplus S = \{z \mid (\hat{S})_z \cap I \neq \varnothing\} \tag{5-13}$$

式中：$\varnothing$ 为空集合；$\hat{S}$ 为与 S 关于原点对称。

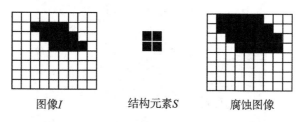

图像 I 结构元素 S 腐蚀图像

图 5-10　膨胀运算示意图

形态学闭运算记作 $I \cdot S$，其本质是一个先进行膨胀运算再进行腐蚀运算的过程，其表达式如下：

$$I \cdot S = (I \oplus S) \ominus S \tag{5-14}$$

式中：S 为结构元素；I 为需要处理的图像。

在执行闭运算过程中，当结构元素的尺寸过小时，闭合操作可能不能将连通区域连接完整。当结构元素的尺寸过大时，前景图像（射线图像中的文本信息部分）会相互干扰，造成过度粘附。实验发现，用下述 5×5 的矩阵作为结构元素可以实现最佳的闭合操作。矩阵如下：

$$\begin{bmatrix} 0 & 0 & 1 & 0 & 0 \\ 0 & 1 & 1 & 1 & 0 \\ 1 & 1 & 1 & 1 & 1 \\ 0 & 1 & 1 & 1 & 0 \\ 0 & 0 & 1 & 0 & 0 \end{bmatrix}$$

经过多次卷积和形态学运算后，会在图像的边缘部位产生噪声，如图 5-11 所示，将会对下一步的基于连通区域的文本字符标记产生干扰，不利于文本的检测。

实验数据表明，这一部分的噪声在距离图像边缘的 k 像素内，k 由公式 (5-15) 给出：

$$k = \lceil 1.8\% \times \min(m, n) \rceil \tag{5-15}$$

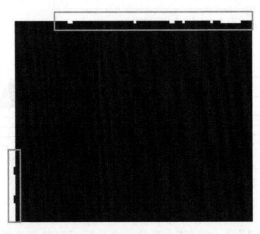

图 5-11　由于卷积和形态学操作而在图像边缘产生的锯齿状噪声

式中：m 为输入图像的长；n 为输入图像的宽；1.8% 为通过实验获得的常数。

焊缝射线图像边缘去噪和字符检测的详细算法参见算法附录 B-3。

卷积处理产生的噪声相对整个射线图像而言，是非常小的一部分，并都处于图像四周边缘。例如，本书中样本图像的分辨率为 1350×4950，根据公式（5-15），k 值为 25。因此，只要将边缘 25 像素以内的所有像素设置为 0，也就是将其全部置黑，就可以达到图像边缘去噪的目的。

在对射线图像进行边缘去噪（置黑）后，就可以对焊缝射线图像的文本字符进行标记和分割，其详细算法和步骤如下：

（1）利用公式（5-15）获得的 k 值，将射线图像边缘的 k 像素内的所有像素值设置为 0。

（2）获取图像中连通区域的数量和每一个连通区域的矩阵，本书采用 8 联通的方式来获取连通区域。

（3）使用 Matlab "find" 命令，获取射线图像中每一个连通区域的左下角和右上角的坐标。

（4）基于获得的每一个连通区域的对角坐标，采用最小外接矩形法，对每一个连通区域进行标记和分割。

5.3.3　算法评估验证

为了评估本节的焊缝射线图像文本字符检测算法，本书共使用了 366 张来自不同行业的焊缝射线底片，使用本节的算法对其进行文本字符检测。实验结果表明，该方法能够检测出不同位置、不同字体、不同尺寸的焊缝射线图像中的文本信息。为了更加精准地对本节的算法进行评估，还使用了文本检测领域的通用评估方法进行评估，该方法使用精准率、召回率和 f 值[181]三个指标对文本检测算法进行量化评估，其计算方法参见本书 3.5.1 小节。

本节提出的射线图像文本检测算法的性能如表 5-1 所示。表 5-1 中也同时列出了其他四种性能表现最为优异的文本检测算法。这些方法在 ICDAR 2015 中是排名前四位的算法（截至 2019 年 8 月），具有极高的参考意义。由表 5-1 中可以明显发现，本节提出的方法要优于其他的同类方法，这是因为该算法是专门针对焊缝射线图像的。另外，目前使用最为广泛的车牌识别中的字符检测算法最新研究成果也只有 96%的精准率[182-184]，因此本节提出的算法在焊缝射线图像的字符检测中有很高的实际工程应用价值。

表 5-1　　　　　　　　　　**本节算法和其他同类算法的性能对比**

算法	精准率/%	召回率/%	f 值	日期
本节算法	96	97	0.96	2018-12-30
Sogou_MM	92	90	0.91	2018-09-07
Baidu VIS v2	94	88	0.91	2018-07-03
Alibaba-PAI	94	87	0.90	2018-01-31
FOTS	92	88	0.90	2018-01-22

同时，在焊缝射线图像中，关于像质计（IQI）的文本信息并没有被很好地检测与提取出来。这是因为像质计的数字和字母及其边框连接到了一起，导致使用基于连通区域的分割方法，无法将其标示和分割出来。但由于像质计不包括在焊缝射线图像的属性信息中，因此，本书不考虑焊缝射线图像中像质计部分的文

本信息的检测与识别。

　　本书利用从 366 张不同类型的焊缝射线图像中检测和提取到的文本字符，做成焊缝射线图像字符数据库，为焊缝射线图像文本字符识别的研究提供必要的数据，并对相关行业的研究者开放，让更多的研究者可以为射线图像文本字符的识别精确率的提高作进一步的研究。

5.4　射线图像中文本字符识别研究

　　在前文的研究中，根据焊缝射线图像的特点，提出了一种基于掩模卷积和频域滤波的焊缝射线图像文本检测与定位算法通过最小外接矩形实现对字符的分割，本书采用该算法建立了焊缝射线图像的文本字符数据库，对焊缝射线图像文本字符的识别算法展开进一步研究以解决射线图像中文本字符的识别问题。

5.4.1　文本字符图像倾斜特征分析

　　对焊缝射线图像中文本字符的分析结果表明，在文本字符中只有 3.31% 没有发生倾斜，倾斜角度分布如图 5-12 所示，图中横轴为字符的倾斜度数，纵轴为该倾斜字符的百分比。从图中可以发现大部分的倾斜角度在正负 10 度以内，约占其总数的 85%。该结果将在很大程度上影响识别的准确率，因此为了提升字符识别的准确率，满足实际检测作业中对图像归档与检索的需求，必须解决字符的倾斜问题。

　　本书对字符库中误识别率较高的字符进行单独的特征分析，发现主要有以下几种类型，如图 5-13 所示，字符 "T" "7" "1"，字符 "A" "4"，字符 "5" "S" 相互间识别错误率较高，这是由于这些字符倾斜后在结构上具有较高的相似性。具体地说射线图像中某一字符的倾斜，使其与其他正常字符在结构上有了一定的相似性，将影响文本字符识别的准确性。以上这些字符都是由于在焊缝射线图像的成像过程中焊接表面的非规则性、焊接环境的特殊性、人员操作的规范性等原因，导致铅字摆放出现倾斜，经过数字化扫描后，在图像中的文本字符也相应地呈现倾斜的状态，而这种情况普遍存在于焊缝射线图像中。

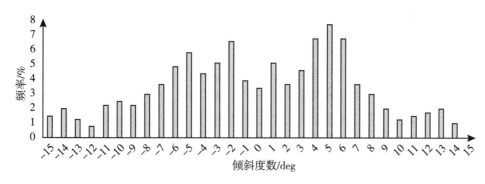

图 5-12 射线图像文本字符倾斜角度分布图

| T | 7 | 1 | A | 4 | 5 | S |

（a）字符 "T" "7" "1"　　　　（b）字符 "A" "4"　　　　（c）字符 "5" "S"

图 5-13 误识别率较高的倾斜的文本字符示例

5.4.2 图像倾斜校正理论与技术背景

清华大学的张振东于 2012 年提出了一种基于低秩矩阵的图像校正算法[185, 186]，该算法首先假定原始未倾斜的图像是一个低秩纹理，然后采用一定的步长对图像进行旋转变换，并计算每一次变换后的图像的秩，通过找出秩最小的图像对应的透射变换参数，并利用该参数对图像进行倾斜校正。该方法不依赖于图像的边缘信息，以及其他一些可以用来参考的外部特征，本质上是利用图像矩阵中行与列之间的线性相关性的方法，在自然场景的文本字符识别领域取得不错的效果。但是焊缝射线图像的字符由于其成像过程的特殊性，导致其字符在射线图像中并不具备较好的低秩特性，经过批量验证，该方法在射线图像的文本字符倾斜校正中表现得并不稳定，甚至将有些正常的字符识别为倾斜字符。因此，该方法不适用于射线图像的文本字符倾斜校正。

　　霍夫（Hough）变换是图像处理领域中一种广泛使用的识别几何形状的方法，它最初是由 Paul Hough 在 1962 年提出的，其后不断有研究者在其基础上进行改进，该方法也不断得到完善，已广泛应用于计算机视觉中[187-190]。近年来Hough 变换也被应用到图像的倾斜校正中，如很多自然场景的汉字文本识别和车牌识别（ANPR）等，这得益于汉字大多具有水平和垂直的笔画以及较为对称的结构特征和车牌中的矩形边框，而 Hough 变换又对图像中直线信息较为敏感，具有很高的检出率，因此在这两个领域中基于 Hough 变换及其改进算法的字符倾斜校正效果较为显著。该算法对图像的倾斜校正的基本思想是提取图像中的特征直线信息，并将检测出特征直线所对应的角度进行聚类分析，找出其最优的角度作为图像的倾斜角度，再使用得到的角度对图像进行倾斜校正。

　　本书也将 Hough 变换相关方法做了相应的改进，使其用于对焊缝射线图像文本字符的倾斜校正，同样该方法对于射线字符的倾斜校正也不稳定，如图 5-14所示，对字母"V"进行 Hough 变换，检测图像中的直线（如图 5-14（b）所示），并对最长的直线进行聚类分析，得出其向右倾斜 18 度（图 5-14（c）所示），最后相应地将图像向左旋转 18 度，但是得到的结果并非正确的结果（图5-14（d）即为倾斜校正后的字符图像）。因此，使用基于 Hough 变换的倾斜校正方法并不适用于射线图像字符的倾斜校正。这也是由于射线图像中文本字符是每一个字符单独倾斜的，且每个字符倾斜的方向都可能不一致，而不是成词或者词组同时倾斜，这也就导致了焊缝射线图像中文本字符的结构特征不明显。

　　Radon 变换[191-194]及其改进算法也被广泛应用于图像的倾斜校正中。该变换是由德国数学家 Radon 于 1917 年首次提出的。Radon 变换的基本原理是将数字图像的矩阵在某一个指定角度的射线方向上做投影变换，不断地变换投影角度，直到找出投影积分的最大值，该值所对应的角度，即被认为是图像矩阵所倾斜的角度。该算法对印刷文本的倾斜校正具有较好的效果，本书利用 Radon 变换对焊缝射线图像的文本字符进行了大量的实验研究，发现射线图像中的一些倾斜字符并不能很好地被该方法校正。图 5-15 显示了无法正确校正的部分字符，用该算法检测到的角度不是字符的实际倾斜角度。图 5-15（a）为从焊缝射线图像中提

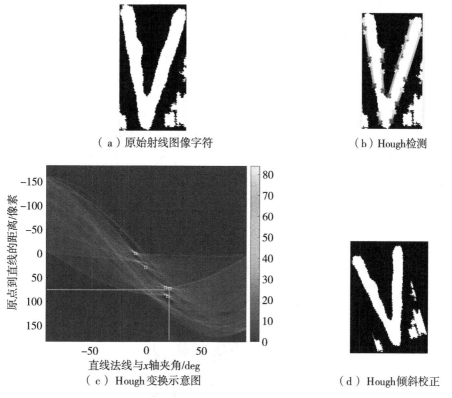

（a）原始射线图像字符 （b）Hough检测

（c）Hough变换示意图 （d）Hough倾斜校正

图 5-14 Hough 变换对焊缝射线图像文本字符的倾斜校正

取的原始字符图像，都有一定的倾斜角度；图 5-15（b）为使用 Radon 变换对 5-15（a）进行倾斜校正后的图像。由此可以发现 Radon 变换在对焊缝射线图像文本字符的倾斜校正中并不稳定，并不能解决本研究遇到的实际问题。

（a）原始字符图像 （b）使用Radon倾斜校正后的图像

图 5-15 Radon 变换对焊缝射线图像文本字符倾斜校正效果

5.4.3　射线图像文本字符倾斜校正方法研究

基于以上的实验和分析可知，到目前为止，并没有一种算法可以直接应用于焊缝射线图像中的文本字符的倾斜校正。本书在 Radon 变换的基础上，通过大量实验，提出了一种基于 Radon 变换改进的焊缝射线图像文本字符倾斜校正算法。

从以上对前人的研究分析可知，Radon 变换的基本思想是将图像坐标轴在一定的角度 θ（-90°到 89°）内进行旋转，计算每个角度的图像矩阵的每个列的积分，并找到与其最大积分值对应的角度[195]。用该角度作为图像的倾斜角度，并以此来对图像进行校正，其算法原理如图 5-16 所示。

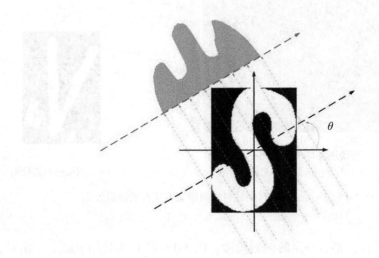

图 5-16　Radon 变换原理图

本书的研究对象是二维二进制字符，因此，需要将 Radon 变换放到二维空间中展开研究，其数学公式如公式（5-16）所示[191, 196]：

$$g(s, \theta) = \iint_D f(x, y)\delta(x\cos\theta + y\sin\theta - s)\mathrm{d}x\mathrm{d}y \qquad (5\text{-}16)$$

式中：$f(x, y)$ 为平面 D 中的二值图像矩阵；$\delta(\cdot)$ 为狄拉克 δ 函数；s 为射线到原点的距离；θ 为 x 轴与射线法线的夹角[197]。

由于焊缝射线图像的文本字符区别于其他图像的特征在于几乎没有水平或

垂直的边缘，也缺乏水平或垂直的笔画，同时也缺少近似的对称结构，因此导致使用 Radon 变换对字符图案进行投影积分时，存在较大的误差。这也是直接使用 Radon 变换对字符图案进行倾斜校正时错误率较高的原因。但是 Radon 变换投影的思想给出了启示：虽然投影积分最大值检测的直线的角度并不能代表字符图案倾斜的角度，但是由于射线字符图案线宽一般较宽，因此将其检测范围加大，将其积分值累加起来，用最大积分累加值所对应的角度来代表图案的倾斜角度，这样准确率将会大大增加。现将从 Radon 变换的原理对其进行深入分析。

图 5-17 右侧图像是从焊缝射线图像中提取出的字符"5"的 Radon 变换，其最右侧颜色条代表着投影的积分值，颜色越亮代表积分值越大，Y 轴表示从射线到原点的距离，X 轴为积分方向的角度。

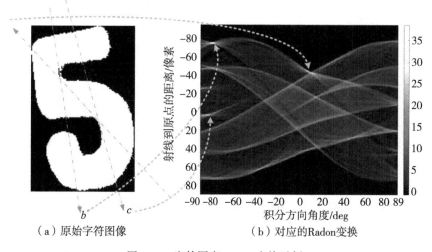

（a）原始字符图像　　　　　　（b）对应的Radon变换

图 5-17　字符图案 Radon 变换示例

在图 5-17 中，根据传统的 Radon 方法[195, 198]，射线"a"的方向（如图 5-17（a）所示）的积分值在对应的 Radon 变换后图像中最亮，代表该方向具有最大的积分值（倾斜角度为射线"a"的法线与水平方向 x 轴的夹角，如图 5-16 所示）。但是将射线 a 的法向作为字符图像偏转的方向，明显不符合实际情况。因此，任何意外的峰值，如图像处理产生的噪声、图像本身的特殊结构等，都会导致算法产生错误的结果[199]。

　　同时从图 5-17 左侧图像中也可以发现，射线 "b" 和射线 "c" 也有较大的积分值，仅略小于相应的 "a" 的积分值。本书将射线 "a""b" 和 "c" 的三个对应角度处的所有积分值提取出来单独分析，如图 5-18 所示。

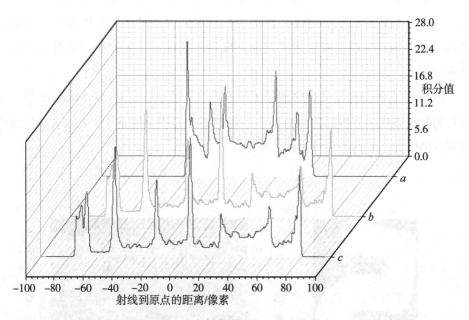

图 5-18　三个角度相对应的积分值曲线

　　从图 5-18 中可以发现，射线 "a" 方向有一个大的峰值，大于其他角度（"b" 和 "c"）的最大值。因此，在传统的 Radon 变换中，射线 "a" 对应的角度被认为是整个倾斜图像的角度。在图中也可以发现在射线 "a" 的积分值中除了峰值之外，其他值相对较小。在 Radon 变换中，随机峰值噪声会影响整个算法的结果。在射线 "b" 和 "c" 中有许多峰值，并且这些值彼此接近，这表明在这个方向上代表了更多的线性特征。因此，寻找一种合适的方法来统计和分析这些积分值，可以更准确高效地找到图像的倾斜角度。在图 5-18 中，X 轴表示从射线到原点（参考图像 5-16 中坐标的原点）的距离，Y 轴表示每个距离对应的积分值。

　　基于以上分析，本书提出了一种基于 Radon 变换的改进算法。首先求出每个

角度上最大 $t\%$（t 为阈值）的积分值，然后将这些值相加得到一个变量 S_1（参考公式（5-17））。然后，为了消除单个大峰值对相邻角度的影响，使用每个角度相邻的 $\pm 2°$ 范围内的所有 S_1 的和来获得另一个变量 S_2（参考公式（5-18））。以 S_2 的值作为该角度的输出值，形成包含 180 个元素的新向量 A。（其中 $-90°$ 的 S_2 值，为其所对应于的 $-92°$、$-91°$、$90°$、$89°$、$88°$ 五个角度 S_1 值之和，$89°$ 的 S_2 值的为其所对应于的 $87°$、$88°$、$89°$、$90°$、$91°$ 五个角度 S_1 值之和，以此类推）。在向量 A 中找出其元素的最大值，然后将相应的角度作为图像的倾斜角度，并以此来对图像进行倾斜校正。

$$S_1(\theta) = \sum R_\theta[f(x, y)] \tag{5-17}$$

$$S_2(\theta) = \sum_{\theta-2}^{\theta+2} S_1(\theta) \tag{5-18}$$

$$A = \underbrace{[S_2(\theta_1) \cdots S_2(\theta_{180})]}_{-90° \sim 89°} \tag{5-19}$$

式中：$f(x, y)$ 为二值化的字符图像矩阵；θ 为 x 轴与射线法线的夹角；$R_\theta[f(x, y)]$ 为图像 $f(x, y)$ Radon 变换后 θ 角处最大的 $t\%$ 积分值；A 为包含 180 个 S_2 值的向量，该向量中最大值对应的角度即为字符的倾斜角度。

本节所提出的检测图像倾斜角度的方法参见算法附录 B-4。

本书使用从焊缝射线图像中提取的文本字符对该算法进行了验证，结果表明，文本字符中包含的 26 个字母、10 个数字和 2 个汉字都可以被较好地倾斜校正，示例如图 5-19 所示：图 5-19（a）是从射线图像中提取的原始倾斜字符，图 5-19（b）为校正后的字符，图 5-19（c）为使用本书方法检测到的文本字符向量 "A" 的元素值分布（见公式（5-19）），其最大值对应的角度即为字符的倾斜角度。由图 5-19 可以发现，即使图像中包含有严重的噪声或者图案的边缘已经被腐蚀，依然能够得到正确的倾斜校正，该结果再次证明该算法有着较好的适用性和较强的鲁棒性。

5.4.4 粘连字符分割算法的研究

本书在对射线图像字符识别的调查研究中发现，粘连字符也是影响字符识别准确率的重要因素。如图 5-20 所示，图中方框中的字符为现场作业人员的不规

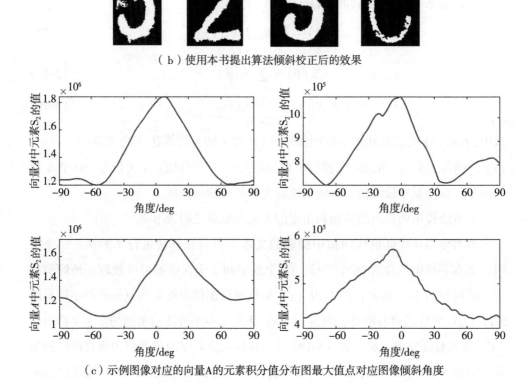

（a）从焊缝射线图像中提取的原始倾斜字符示例

（b）使用本书提出算法倾斜校正后的效果

（c）示例图像对应的向量A的元素积分值分布图最大值点对应图像倾斜角度

图 5-19　本书方法对含有严重噪声的倾斜字符的校正效果

范操作造成的粘连字符。粘连在一起的字符被认为一个整体，不经过处理很难被正确识别。

　　粘连字符问题不仅存在于焊缝射线图像的文本识别中，也是传统 OCR 字符识别和自然场景文本识别中的难题。因此，也是目前国内外学者们的研究热点。

图 5-20　粘连字符示意图

粘连字符研究可以应用于不同的领域：如网络验证码的识别，古文字和印章的文字识别，以及各种工程应用领域。

国内外研究学者也在各自的研究领域提出了相应的解决方案，例如：Sharma 应用阶段分割算法对视频中粘连字符进行分割，该算法首先根据实验获取的字符平均宽度值对是否存在粘连字符进行判断，然后依据笔画宽度及各个方向的轮廓距离采用分段线性分割线分离粘连字符[200]。Parika 也是根据最大字符宽度先确认是否存在粘连字符，然后对粘连字符进行直线分割[201]。由于射线图像的粘连字符可能存在不同方向的交叉重叠，因此基于字符宽度的分割算法并不适用于本研究。Congedo 等提出的滴水算法及其后续的改进算法，是应用较为广泛的粘连字符分割方法，该算法是受水滴因重力作用滑落的过程的启发，水滴滑动路径会因字符轮廓变化而改变，滑过的路径则可以作为字符切分的路径[202]。经过多次验证，该算法无法较好地实现对射线图像中粘连字符的分割。

射线图像中的字符实际上是由铅字经过射线投影后产生的图像，如图 5-21 所示。因此，字符的粘连部分是由铅字的交叉重叠产生的。重叠部分的铅字由于多吸收了射线的能量，使其在图像中呈现出灰度值要高于非重叠部分的特征，如图 5-22 所示。

基于以上分析，射线图像的粘连字符具有以下特征：

（1）粘连字符的重叠部分灰度值高于非粘连部分；

（2）粘连字符是一个连通的整体。

为解决粘连字符的识别校正问题，本书提出一种基于等高线的粘连字符分割算法，将等高线中的高度值引申为粘连字符中的灰度值。地图等高线是指地表高

图 5-21　射线成像中铅字

（a）　　　　　　　　　　　（b）

图 5-22　分割后的粘连字符及其二值图像

度相同的点连成一环线直接投影到平面形成水平曲线，不同高度的环线不会相交。由于粘连部分的灰度值高于其他部分，且为连通区域，表现在灰度等高线上就为灰度较高区域的闭合曲线。

下式即为将二位灰度图像转化为等高线的公式：

$$(n-1)\,d < H < (n+1)\,d \qquad\qquad (5-20)$$

式中：d 为设定的等高距；n 为两点间等高线的条数；H 为等高线所代表的灰度范围。

图 5-23 即为粘连字符图像及其等高线，线上的数值为该等高线所对应的灰度值。最中间连通区域即为粘连字符的粘连区域（对应铅字交叉堆叠的区域）。通过应用灰度最高的闭合曲线所对应的灰度值进行阈值分割即可实现对粘连字符

粘连区域的提取。图 5-24 即为图 5-23（a）的粘连区域提取结果。

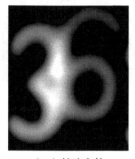 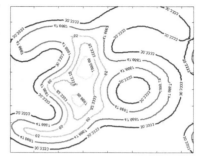

（a）粘连字符　　　　　　　　　　　（b）图像灰度等高线

图 5-23　粘连字符及其灰度等高线

（a）粘连字符的粘连区域　　（b）粘连字符分割提取　　（c）粘连字符分割提取

图 5-24　粘连字符的分割示例

　　由实验数据可知，使用本书所提出的基于等高线原理的粘连字符分割算法能够实现对焊缝射线图像中粘连字符的分割，图 5-25 为部分粘连字符分割实例。但是依旧有部分粘连字符无法用该算法进行分割，也不能 100% 地将粘连字符全部分隔开，图 5-26 为不能使用等高线算法对粘连字符分割的实例。这是由于粘连区域严重重叠的字符拥有多个封闭区间，导致等高线算法无法有效分割，为了更好地提高分割准确度还需后续进一步研究和完善；进一步规范作业人员的现场操作是解决该问题的必要措施。

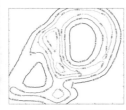

（a）粘连字符　　（b）粘连字符等高线　　（c）粘连区域　　（d）字符分割　　（e）字符分割

图 5-25　粘连字符分割提取

图 5-26　等高线算法不能分割的粘连字符

5.4.5　基于卷积神经网络的射线图像文本字符识别

卷积神经网络是受到生物自然视觉识别机制启发[203]而诞生的一种高性能的深度学习网络，能够从多维数据中自动提取出高级特征，已广泛应用于图像的识别和分类中。卷积神经网络的体系结构为一系列的层，主要有卷积层和池化层，然后是全连接层[204, 205]，针对不同的应用，卷积层和池化层的数量也不尽相同。

卷积神经网络主要包括四个关键思想：局部关联、共享权重、池和多层堆叠。卷积算法是通过局部连接和共享权值来实现的。它有三个优点[206]：第一，共享的权重大大减少了参数的数量；第二，通过使用局部连接来实现相关性；第三，通过池操作来获得平移不变性。在本书的卷积神经网络中，第一卷积层的输入是来自字符数据库的原始二值图像，其大小被归一化为 32×32 像素，通过对大量实验数据的分析，确定了卷积神经网络中的设置参数[199]。

本书使用 ReLU 作为网络的激活函数，ReLU 是目前深度神经网络中使用最广泛的激活函数，ReLU 函数实际上是一个分段函数，其形状如图 5-27 所示，从式（5-21）可以看出，当 $x < 0$ 时，其输出具有不变性，恒为 0，这样可以提高网络的稀疏性；当 $x \geqslant 0$ 时，其形状的梯度为 1，这样就不会产生梯度饱和的问题，同时也会加快其收敛。

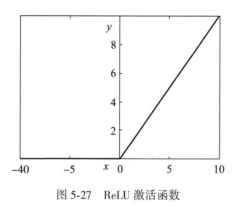

图 5-27　ReLU 激活函数

ReLU 函数的数学表达式如下：

$$f(x) = \begin{cases} x = x, & x \geqslant 0 \\ x = 0, & x < 0 \end{cases} \tag{5-21}$$

本书所使用的卷积神经网络相关参数如图 5-28 所示。

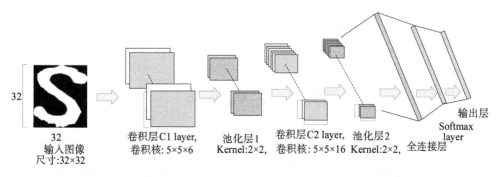

图 5-28　卷积神经网络结构图

5.5 实 验 验 证

在卷积神经网络中，网络测试是判断网络性能的必要步骤。本实验共有 38 种文字类型，包括 10 位数字、26 个英文字母和 2 个汉字，每个类型有 100 个字符图像。共有 $100 \times 38 = 3800$ 幅图像。数据集中的 3040 幅图像用于训练，其余 760 幅图像用于测试。所有的训练图像都经过了 30 个周期的训练。识别准确率达到 98.48%。

识别准确率计算公式如下：

$$\text{Accuracy} = \frac{\text{Correct\_testing}}{\text{Total\_testing}} \times 100\%$$ (5-22)

式中：Correct _Testing 为正确识别的字符数；Total _Testing 为测试字符总数。

为了验证本书提出的算法与其他算法在焊缝射线图像文本字符识别方面的优越性，本书也分别用卷积神经网络、BP 神经网络和支持向量机（Support Vector Machine, SVM）对校正、未分割后的字符图像与未校正、未分割后的字符图像进行识别比较，结果表明基于 CNN 的字符识别算法明显优于其他算法，对比结果见表 5-2。

表 5-2 识别准确率对比

图像类型	卷积神经网络/%	BP 神经网络/%	支持向量机/%
倾斜校正后的图像	98.48	92.32	85.2
未经过倾斜校正的图像	86.25	74.21	70.1

5.6 本 章 小 结

本章在分析焊缝射线图像中文本字符灰度特征的基础上，提出了一种基于频域滤波的焊缝射线图像文本检测算法。利用高斯曲面与图像进行卷积，降低了焊缝区域与底材的对比度，使用频域滤波的方法使文本区域与焊缝区域分离，揭示了焊缝射线图像中焊缝与文本区域对频域滤波不同的响应规律，实现了焊缝射线图像中文本信息的精确定位与提取。考虑到卷积对图像边缘的敏感性，采取将一定区域内的图像灰度值置零的方法实现了对图像锯齿状边缘的去噪处理。实验表明，该方法在焊缝射线图像中文本字符的检出精确率达 96%，并建立了焊缝射线图像文本字符数据库，为后续的研究提供了必要的研究素材。此外，本章还进一步分析了射线图像中文本字符误识别率较高的字符特征，首先针对射线图像中的倾斜字符，提出了一种基于 Radon 变换的改进算法，对倾斜字符进行有效的倾斜校正。其次，针对粘连字符部分，提出了一种基于等高线原理的分割算法。最后，采用卷积神经网络对校正后的字符图像进行识别。实验结果表明，该算法对字符进行校正识别的准确率达到了 98.48%，提升了射线底片数字化扫描存储、归档和检索的效率，能够切实解决企业所面临的实际工程问题。

第6章　焊缝射线图像相似度评估技术研究

6.1　引　　言

本章依据某汽轮机制造企业在实际生产作业中面临的问题，针对小径管的射线检测中的射线图像造假问题展开研究。

小径管一般是指外径小于等于 100 mm 的管子[2, 19]，在能源、石化等行业有着十分广泛的应用，主要用作石油化工管道、蒸汽热水锅炉中传输流体介质。其管路中常以对接环焊缝为典型的连接，其中大部分长期服役在高温、高压等恶劣环境中，承受着高压的冲击和介质的冲刷，对接环焊缝的焊接缺陷容易诱发泄漏、爆炸等灾难性后果。而射线检测作为小径管焊缝检测中应用最为广泛的检测手段，被要求对高温高压工况下的焊缝实现 100% 检测[207, 208]。

调研发现，小径管一般在设备中排列紧密，尤其是管与管并排处空间非常狭小，企业在对小径管的焊缝进行射线检测时，发现存在现场作业人员以容易检测处焊缝图像冒充检测困难处的焊缝图像（以下对小径管的检测造假问题统一称作"重复片问题"）以达到其完成工作量的目的的问题。企业也对此极其担忧，因为这意味着其他难以检测的焊缝没有被检验，焊缝的质量将失去管控，该行为具有极其严重的安全隐患，甚至还可能诱发灾难性的后果。因此，通过技术手段来识别重复片，是一项急切需要解决的问题。该问题的解决将从技术层面上实现对现场作业人员的有效监管，降低能源装备、天然气等压力输送管道因焊缝质量而引发安全事故的风险。由于射线检测的最终输出是焊缝射线图像，因此，基于图像特征的小径管重复片检测是最直接的、行之有效的检测方法。

本书通过前期调研，针对企业的实际需求，以小径管双壁双影成像的射线图像为研究对象，提出了基于 KL 散度的小径管射线图像重复片判定方法（下文所述射线图像皆为小径管双壁双影成像的焊缝射线图像）。

6.2　造假焊缝射线图像的特征分析

针对小径管采用双壁双影椭圆成像的适用条件及透照次数的规定，目前各个行业并没有统一的标准，当前应用较为广泛且影响较大的主要有三个，分别对应三个不同的行业，详细对比如表 6-1 所示[19, 209, 210]。

由表 6-1 可以发现，各个不同行业对于小径管双壁双影成像的适用条件和透照次数的要求也不尽相同，本书在研究中主要参考 NB/T 47013 承压设备的标准，由于小径管焊缝双壁双影成像的透照次数要求为 2~3 次，这就导致同一焊缝会产生 2~3 张射线图像。而造假图像也会在数据库中增加同一焊缝的射线图像。为了便于研究分析，本书从每个焊缝中只提取一张图像，建立分析数据库，对来自不同焊缝的图像相似度评估展开研究，旨在从理论角度提出双壁双影射线图像的相似度评估方法。

表 6-1　　　　　　　　　　　小径管双壁双影成像标准对比

标准号	NB/T 47013.2—2015		SY/T 4109—2013	DL/T821—2017	
适用行业	承压设备		石油天然气	电力/发电锅炉	
双壁双影成像适用条件	$d \leqslant 100$，$t \leqslant 8$，$g \leqslant d/4$		$d \leqslant 89$	$d \leqslant 89$	
透照次数	$t/d \leqslant 0.12$	$t/d > 0.12$	不少于 2 次	$d \leqslant 76$	$76 < d \leqslant 89$
	2 次	3 次		1 次	2 次

注：d——小径管的外径/mm；t——壁厚/mm；g——焊缝宽度/mm。

通过对焊缝检测作业中发现的重复片分析，发现其具有以下几个方面特点：

（1）大部分的造假图像，作业人员为了避免容易被发现，都会通过将放射源变换不同位置的方法，来对焊缝进行重复拍摄[19, 211, 212]，这样拍出的焊缝射线图像呈现出结构上的差异性。

（2）同时也由于将放射源变换不同的位置，使得压力管道在整个射线图像中也可能有着不同角度的倾斜，图 6-1（a）和图 6-1（b）即为对同一焊缝通过变换射线源位置而拍摄出的两张射线图像。从图 6-1 中可以清晰地发现，对同一管道拍摄的射线图像可能与水平方向有着不同的倾斜角度，这将会给焊缝区域的提取带来较大误差。

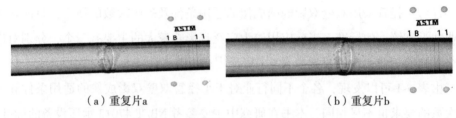

（a）重复片a　　　　　　　　　　　　　　（b）重复片b

图 6-1　典型的管道类焊缝图像重复片

由于小径管为圆筒状，射线成像又为透视成像，这使得在结构上小径管的射线图像都具有很强的相似性，即使是来自不同的管道。因此，基于全局的射线图像相似度度量效果非常有限。而每一条焊缝都有其特有的形状特征，因此基于焊缝纹理特征的重复片检测是可行的方法。

6.3　基于纹理特征的焊缝射线图像重复片检测方法

本书提出了一种基于 KL 散度（Kullback-Leibler Divergence）的管道类焊缝射线图像相似度评估方法，其技术路线如图 6-2 所示。

6.3.1　管道焊缝射线图像倾斜校正

焊缝射线图像由于其成像过程的特殊性，导致焊缝存在不同程度的倾斜现象，如图 6-3 所示。图像的倾斜将影响焊缝的提取与分割，因此对焊缝射线图像进行倾斜校正是解决重复片识别问题的先决条件。本书提出一种基于管道边缘中点拟合直线的管道焊缝射线图像倾斜检测算法（Fitting Line of Edge Midpoint, FLEM）。

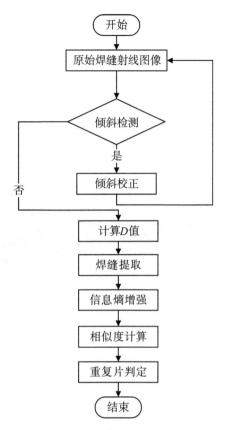

图 6-2　焊缝射线图像相似度评估技术路线

　　根据行业标准 NB/T 47013 的要求，小径压力管道的环向焊接接头的射线成像应采用倾斜透照方式，使焊缝区域呈现椭圆形（满足壁厚小于 8mm、焊缝宽度小于外径 1/4 条件）[47]，如图 6-3（b）所示，并且为了全面获取环向焊缝的内部形态与结构，应间隔一定的角度对环向焊缝进行多次检测。其射线成像检测方式如图 6-3（a）所示，其中 θ 即为射线成像后管道的倾斜角度。

　　基于直线检测的 Hough 变换[213, 214]是目前在计算机视觉中应用较为广泛的倾斜校正算法，可以有效地检测出图像中最长直线的倾斜角度，从而实现对图像的倾斜校正。Hough 变换最早是由 Paul Hough 于 1962 年提出的，其基本原理是先对图像进行边缘检测，然后将图像空间中的信息映射到参数空间，通过参数空间

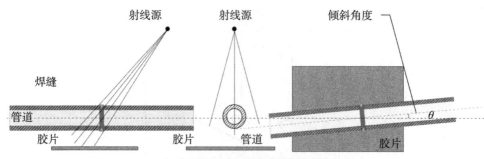

（a）管道双壁双影射线检测方式

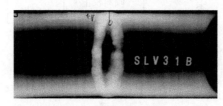

（b）双壁双影射线图像

图 6-3　管道环焊成像方式及其成像图像

中的信息来找出图像空间中的直线。

　　图 6-4 即为使用 Hough 变换对焊缝射线图像进行直线检测的结果，可以看到边缘检测后（使用 Canny 边缘检测算子[215]），管道的上下边缘清晰可见，白色线段即为 Hough 变换检测出的直线。由于焊缝射线图成像为投影成像，因此其管道的上下边缘在倾斜投影后变为相交的直线，如图 6-4 所示。因此，基于 Hough 变换检测出的不论是上边缘还是下边缘直线都不应成为代表图像倾斜的直线。基于以上分析，传统的 Hough 变换倾斜校正算法并不适合于小径管环焊射线图像[216, 217]。

　　实验分析表明，在管道边缘检测后的二值化后图像中，无论其上边缘还是下边缘都不能代表管道整体的倾斜方向，因此本书提出一种新的基于边缘中点拟合直线（轴线）的管道焊缝射线图像倾斜检测算法。其具体步骤如下：

　　（1）射线图像边缘检测，噪声消除，二值化；

　　（2）检测出二值化后图像中每一列的非零点的坐标；

　　（3）算出每一列非零区域中点（如公式（6-1）所示）；

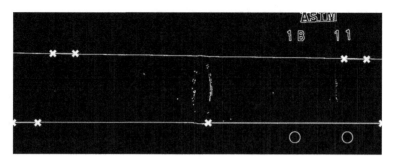

图 6-4　Hough 变换直线检测

（4）将所有列的中点进行线性拟合；

（5）拟合直线的倾斜角度即为管道的倾斜角度。

$$x = \frac{x_{\max} + x_{\min}}{2}$$ （6-1）

式中：$x_{\max}$ 为图像矩阵中每一列非零区域纵坐标的最大值；$x_{\min}$ 为图像矩阵中每一列非零区域纵坐标的最小值；x 为非零区域中点纵坐标。

图 6-5 中的灰色点线即为边缘提取后的中点连线。

图 6-5　上下边缘的中点连线

本书使用加权最小二乘法代替普通最小二乘法来计算边缘提取后中点拟合直线的系数，以确定其拟合直线的方程 $y = kx + b$，从而获得图像的倾斜角度。加权最小二乘法的优势在于可以抑制异常样本点对回归精度的影响，这一点可以降低和消除小径管二值化图像中噪声对回归直线精度的影响。

令边缘提取后其中点连线上各点的坐标为：

$$\{(x_i,\ y_i)\ |\ i = 1,\ 2,\ \cdots,\ n\} \tag{6-2}$$

式中：n 为图像的列数。

首先通过普通最小二乘法，对回归方程的参数 k 和 b 进行预估，该方法的思想是使估计值与真实值之间误差的平方和最小。即根据区间内的数据点，确定拟合线性方程的两个参数，即斜率 k 和截距 b 的值，使公式（6-3）取值最小[218, 219]。

$$\text{Min} = \sum_{i=1}^{n} \left[y_i - (kx_i - b) \right]^2 \tag{6-3}$$

由公式（6-3）即可得出：

$$k = \frac{\sum\limits_{i=1}^{n} x_i y_i - \dfrac{1}{n} \left(\sum\limits_{i=1}^{n} x_i \right) \left(\sum\limits_{i=1}^{n} y_i \right)}{\sum\limits_{i=1}^{n} x_i^{\,2} - \dfrac{1}{n} \left(\sum\limits_{i=1}^{n} x_i \right)^2} \tag{6-4}$$

$$b = \frac{1}{n} \left[\left(\sum_{i=1}^{n} y_i \right) - k \left(\sum_{i=1}^{n} x_i \right) \right] \tag{6-5}$$

根据预估直线回归方程确定各个真实的数据点的权重，本书设计的权重函数如公式（6-6）所示：

$$W_i = \begin{cases} 1, & |r_i| < G \\ 0, & |r_i| \geqslant G \end{cases} \tag{6-6}$$

式中：r_i 为拟合直线的残差，即各边缘点到拟合直线的垂直距离；G 为对噪声数据过滤的阈值，本书通过实验分析，确定该值为小径管直径的 1.5%。

将数据点 $\{(x_i,\ y_i) | i = 1,\ 2,\ \cdots n\}$ 代入权重函数 W_i 后，则各点变为：$\{W_i \times (x_i,\ y_i) | i = 1,\ 2,\ \cdots,\ n\}$，对新的数据点进行最小二乘法拟合，即可得到最终的中点拟合直线方程。

本书提出的基于边缘中点拟合直线的管道焊缝射线图像倾斜检测算法的详细算法参见附录 B-1。

本书选用采集的 50 张不同条件下拍摄的管道类焊缝射线图像对该算法进行验证，所有图像均可以被精确地检测出倾斜角度，图 6-6 即为部分射线图像的倾斜角度检测示例，图中的实线为检测出的管道区域的中点集合，左上角虚线框内即为对这些点进行线性拟合后的直线方程以及拟合直线的倾斜角度，其中正值代表逆时针方向倾斜，负值代表顺时针方向倾斜。使用检测出的倾斜角度对图像进行反方向旋转即可实现对图像的倾斜校正。

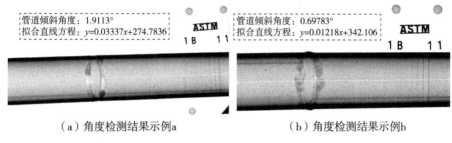

（a）角度检测结果示例a   （b）角度检测结果示例b

图6-6　本书提出的图像倾斜角度检测算法的检测结果

从示例图像中可以发现，该算法能够统一、精确地对管道类焊缝射线图像的倾斜角度进行检测，并为后续的倾斜校正、焊缝区域的定位分割以及重复片的识别提供有效的保障。

6.3.2　焊缝提取与分割

焊缝的提取和分割一直是国内外研究的热点。如智利的多明戈教授利用滑动窗口和局部二值模式自动提取焊接特征并检测焊接缺陷[220]。天津工业大学的Zhenwei提出了一种基于卡尔曼滤波器的改进算法来提取焊缝特征[221]。而积分投影法提取和分割焊缝是应用最为广泛且提出较早的算法，该方法的原理是在垂直和水平方向上执行图像的积分投影[46]，通过合适的阈值设定来确定焊缝的位置。本书也尝试将此方法应用于本研究，图6-7（b）（c）分别为垂直和水平方向的积分投影，方框①标示焊缝区域水平方向的坐标位置，方框②中的曲线具有等距依次增强的峰值，该部分为像质计区域，方框③标示焊缝的垂直方向的坐标位置。但是在实际应用中，很难开发出一种准确提取①区域的算法，该方法的精度并不能满足本研究的要求，因此，该方法不适合本研究。

通过对管道焊缝射线图像的分析，可以观察到以下特征：由于管道环焊缝射

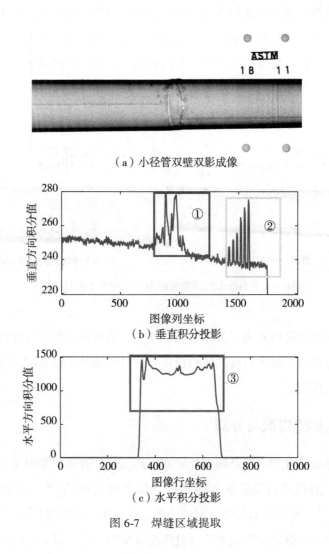

（a）小径管双壁双影成像

（b）垂直积分投影

（c）水平积分投影

图 6-7　焊缝区域提取

线图像为投影图像，因此，焊缝在管道的边缘形成突起（余高）。如图 6-8 所示，图 6-8（a）中的虚线圆圈是焊缝投影图像后形成的突起，图 6-8（b）为边缘提取后图像中的突点。

　　基于以上分析，本书提出了一种基于焊缝边缘凸点的焊缝区域提取算法。具体步骤如下：

　　（1）对二值化后的管道边缘点仍使用加权最小二乘法对其进行线性拟合

（本书使用的是上边缘）。

（2）求出边缘点和拟合线之间的距离 d（如公式（6-7）所示）。

（3）为了消除投影的影响，将 d 除以管道的宽度（即管道上下边缘之间的差）得到 D（如公式（6-8）所示），图 6-8（c）所示即为 D 值的曲线，其中 x 轴是图像的列数，y 轴是 D 值。

（4）求出 D 的最大值，取该值对应的点作为圆的顶点，以相应位置的小径管投影宽度为直径画圆，如图 6-9（a）所示，如公式（6-9）所示。

（5）圆内的区域即为本研究中提取的焊接区域，如图 6-9（b）所示。

本书之所以选择圆，是因为焊接区域是椭圆形的，圆可以包含尽可能多的焊接区域，且可以使非焊接区域尽可能的少。

$$d = \frac{|Ax_o + By_o + C|}{\sqrt{A^2 + B^2}} \tag{6-7}$$

$$D = \frac{d}{l_u - l_d}\% \tag{6-8}$$

$$(x - D_x)^2 + (y - f(D_x))^2 = \left(\frac{l_u - l_d}{2}\right)^2 \tag{6-9}$$

式中：A、B、C 为拟合直线的参数；x_o、y_o 为管道边缘点的位置坐标；l_u、l_d 为管道上下边缘的坐标；D_x 为顶点 D 的横坐标；$f(x)$ 为中点连线的方程；$\left(\frac{l_u - l_d}{2}\right)$ 为圆的半径。

为了对该算法进行检验，本书随机选取了 50 张管道环焊缝射线图像对该算法进行了验证。焊缝区域的检测率达到了 100%。该算法具有较强的鲁棒性，能够解决焊缝区域提取问题。

本书所提出的管道环焊缝区域提取的详细算法参见附录 B-2。

6.3.3 焊缝纹理增强

纹理作为物体表面的一种重要视觉属性，在不同的物体表面会出现不同的纹理图像。在物体识别过程中对纹理的认知起了较为重要的作用。然而，纹理却是易于被认知而难以被定义的一种视觉属性，普遍存在于我们生活的周围[222]。

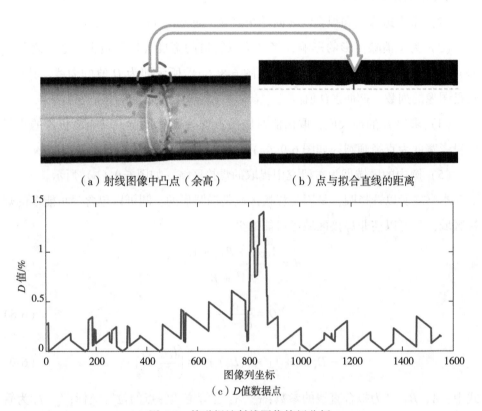

（a）射线图像中凸点（余高）　　　　（b）点与拟合直线的距离

（c）D 值数据点

图 6-8　管道焊缝射线图像特征分析

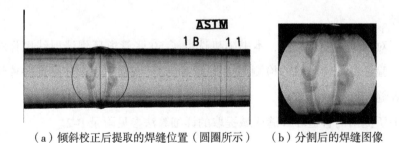

（a）倾斜校正后提取的焊缝位置（圆圈所示）　　（b）分割后的焊缝图像

图 6-9　管道焊缝区域提取

　　本书认为，在焊缝射线图像中，焊缝的脉络结构及其包含的体现其特征的区域，有些虽然不具有均匀的灰度强度特征，但在某个尺度下人眼观测到的具有某种同质性（一致性）的区域，即为焊缝的纹理。

由于重复片为旋转后的投影成像，图像的结构已发生变化，但是其灰度变化都为从中心焊缝区域向两边与底材熔合部分逐渐变低，该趋势使其反映在灰度分布直方图上具有相似性。而由于射线图像具有灰度低，噪声大的特点，须对其进行纹理增强。Gabor 变换是目前较为常用的信号和图像时频分析工具，其实质是在傅里叶变换基础上的一种改进方法，该方法最早是由 Dennis Gabor 于 1946 年提出的[223]，其设计的初衷是为了解决傅里叶变换难以准确反映频谱上局部变化的问题。Gabor 变换将时间窗口的概念引入频域分析，运用高斯函数滑动窗口依次对每个间隔进行傅里叶变换，从而获得信号的局部特征。但是焊缝射线图像中大部分区域都为灰度值较低且变化平缓的低频区域，因此基于频域的 Gabor 变换并不适用于焊缝射线图像。

根据以上特点本书引入图像熵来对焊缝纹理进行增强。熵是统计特征量，熵值反映了信息无序化程度（无序化程度的数学表示即为事件各类状态发生概率基本相同）其值越小，系统越有序；反之，其值越大则系统越无序。图像熵定义如下[224, 225]：

$$H = - \sum_{i=0}^{255} p_i \log_b^{(p_i)} \tag{6-10}$$

式中：p_i 为所有灰度值为 I 的像素占总像素数量的比例；图像为 8 位灰度图像；b 为对数运算的底，本书以实际应用中使用最为广泛的自然对数 e 为底来计算图像的局部熵[224, 226]。

图像熵纹理提取的具体步骤如下：

（1）对图像，选择合适的窗口尺寸 $m×n$，统计并绘制窗口内像素点灰度直方图。

（2）根据公式（6-9）计算该点的局部熵值。

（3）滑动窗口 $m×n$ 遍历计算图中其他每个像素点所在的邻域内的局部熵纹理特征，以此作为特征图中每个对应像素的值。

以下为图像局部熵增强计算实例，为了方便演示，这里选用 3×3 的窗口来计算图像的局部熵。

147

图 6-10 中 A 为图像中的某一个 3×3 区域，其灰度值如图中所示，图中共有三个不同的灰度值。其对应的局部概率值如下：

（1）灰度值为 91 像素的概率为 $p_1 = \dfrac{5}{9} \approx 0.555556$；

（2）灰度值为 82 像素的概率为 $p_2 = \dfrac{3}{9} \approx 0.333333$；

（3）灰度值为 155 像素的概率为 $p_3 = \dfrac{1}{9} \approx 0.111111$。

依据公式（6-9）即可计算获得该 3×3 区域中，中心点处的局部熵值：

$$H = p_1 \ln\left(\frac{1}{p_1}\right) + p_2 \ln\left(\frac{1}{p_2}\right) + p_3 \ln\left(\frac{1}{p_3}\right) \approx 0.937$$

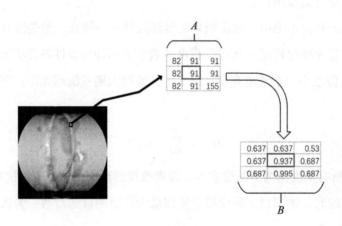

图 6-10　局部熵计算流程

实验数据表明，当滑动窗口大小为 7×7 像素时，可以获得较好的增强效果，图 6-11 即为使用不同大小的滑动窗口获得的增强效果对比图。

从图 6-11 中滑动窗口大小为 7 ×7 的增强效果图中可以发现，增强后的图像中焊缝以及焊缝与底材熔合部位的纹理突出可辨，焊缝区域的内部结构包括缺陷也是脉络清晰。这使得其与其他焊缝的射线图像的差异性更大，同时也使其本身重复片的相似性辨识特征得到了加强。

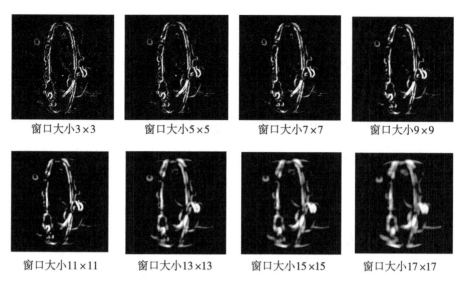

窗口大小3×3　　窗口大小5×5　　窗口大小7×7　　窗口大小9×9

窗口大小11×11　　窗口大小13×13　　窗口大小15×15　　窗口大小17×17

图 6-11　焊缝区域纹理增强效果对比图

6.3.4　基于 KL 散度的图像相似度评估

由于管道类焊缝射线图像的重复片多是人为地经过倾斜与轴向旋转投影产生，导致其图像的结构已发生变化，因此基于图像结构特征的图像相似度评价算法很难对焊缝射线图像的相似性做出有效评价。而经过局部熵增强后的图像的灰度值为归一化的数值，焊缝中的细节特征即使在旋转后，也会因为投影成像使其在图像中得到体现。该特性使得重复片图像在包含信息量亦即图像局部熵值上具有强相关性。因此基于图像局部熵值的相似性可以用来评价焊缝射线图像的相似度。

KL 散度（Kullback-Leibler Divergence）又称信息散度[227, 228]，被广泛用来描述两个概率分布的差异性[229, 230]。如 2019 年哈尔滨工业大学的解奉龙利用最小化 KL 散度准则对目标说话人和其语音进行匹配[231]；2017 年南京航空航天大学的欧书华利用设定 KL 散度阈值的办法来确定基因中的异构体是否具有显著的差异性[232]。综合考虑，本研究引入 KL 散度来计算增强后的焊缝图像相似度。KL 散度的数学表达式有两种，针对两个连续随机变量分布 P 和 Q，KL 散度被定义为公式（6-11）形式[233-235]：

$$D_{KL}(P \parallel Q) = \int_{-\infty}^{\infty} P(x) \ln \frac{p(x)}{q(x)} \mathrm{d}x \tag{6-11}$$

而对于离散型的两个概率分布 P 和 Q，从 P 到 Q 的 KL 散度计算公式如公式（6-12）所示：

$$D_{KL}(P \parallel Q) = \sum_{i=1}^{n} p(i) \ln \frac{p(i)}{q(i)} \tag{6-12}$$

从上式中可以发现 KL 散度具有不对称性，即

$$D_{KL}(P \parallel Q) \neq D_{KL}(Q \parallel P) \tag{6-13}$$

因此本书采用 KL 散度的对称离散形式，如公式（6-14）所示[234, 236, 237]：

$$
\begin{aligned}
D_{SKL}(P \parallel Q) &= D_{KL}(P \parallel Q) + D_{KL}(Q \parallel P) \\
&= \sum_{i=1}^{255} p(i) \ln\left(\frac{p(i)}{q(i)}\right) + \sum_{i=1}^{255} q(i) \ln\left(\frac{q(i)}{p(i)}\right) \\
&= \sum_{i=0}^{255} (p(i) - q(i))(\ln(p(i)) - \ln(q(i))) \\
&= \sum_{i=0}^{255} (p(i) - q(i)) \ln \frac{p(i)}{q(i)}
\end{aligned}
\tag{6-14}
$$

公式（6-14）中当 $p(i) = q(i)$ 时，D_{SKL} 的值为零，如两个分布差异性越大，D_{SKL} 的值也就越大。由于图像中像素的灰度值为离散型变量，且灰度值都集中在 0~255 之间（8 位深度图像），因此图像中像素的灰度值落在 0~255 之间的离散化的频数即可用离散型的概率分布 P 和 Q 来表示，本书即用分割增强后的焊缝纹理图像灰度值分布的频数作为上式中的 P 和 Q 来计算两个分布的差异性[238]。

以下即为使用 KL 散度计算重复片相似度的实例，图 6-12（a）（b）为同一焊缝在不同角度下拍摄的射线图像使用附录 B-2 算法提取出的焊缝区域，图 6-12（c）为增强后二者的灰度概率分布，图中箭头指示的峰值区域为图像中占比较大的黑色区域，这部分的灰度值接近于 0，为了消除该峰值对整体分布的影响，将该值作为异常值剔除，并将图 6-12（c）的线性坐标改为对数坐标，即为图 6-12（d）所示，可以直观地发现二者分布非常相似。使用公式（6-13）计算二者的相似度，其结果为 0.0812，二者非常接近。基于以上分析，上述算法可以用来计

算管道类焊缝射线图像的相似度，该方法目前已在国际知名学术期刊 *Measurement* 上发表。

为验证本书提出的算法，本书使用 9 组直径为 42mm 的 Q275D 钢管，对其进行两两焊接，如图 6-13 所示，其中 4 组旋转 45°成像，其余 5 组旋转 90°成像，因旋转 180°投影成像与 0 度的投影重叠较多，为确保实验的严谨性，故没有进行 180°投影成像（本书所用图像的成像设备为：射线机型号为 TELEDYNE ICM X-ray tube SITEXCP300D，数字探测器阵列型号为 PIXXGEN：PIXX3543N）。其提取出焊缝及其增强后的图像如图 6-14 所示。

同时使用 50 组非重复片的焊缝射线图像作为对比数据组，表 6-2 即为实验获得的原始数据。为了分析两组数据的差异性，对两组数据进行双样本 t 检验（Student's t-test）分析，t 检验在统计学中常用于对两个样本的差异性进行比较，该检验的原假设假定两个样本 x 和 y 中的数据来自均值相等、方差相同但未知的正态分布的独立随机样本；备择假设是 x 和 y 中的数据来自均值不同的分布。如果检验在 5% 的显著性水平上拒绝原假设，则结果 $h=1$，反之为 0。本书对两组样本进行计算，其计算结果如表 6-3 所示。

表 6-2   **D_{SKL} 值原始数据**

相似度计算原始数值					
重复片 D_{SKL} 值	非重复片 D_{SKL} 值				
0.1405	0.8174	0.8051	1.0530	1.0790	0.7793	0.7941
0.0812	0.8311	0.7990	1.0498	1.1412	0.7888	0.8187
0.1713	0.8046	0.8065	1.1267	1.0515	0.7954	0.7917
0.1818	0.8122	0.8315	1.0474	1.1615	0.7730	0.8231
0.1834	0.8324	0.8098	1.1385	1.1328	0.7729	0.8837
0.0332	0.8031	0.8383	1.1777	1.0785	0.7726	
0.1316	0.8291	0.8406	1.0436	0.7757	0.7790	
0.2276	0.8419	0.8323	1.0448	0.7781	0.7901	
0.0858	0.7995	1.1233	1.0465	0.7826	0.7817	

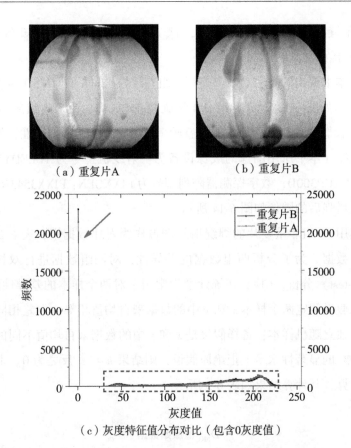

（a）重复片A　　　　　　　（b）重复片B

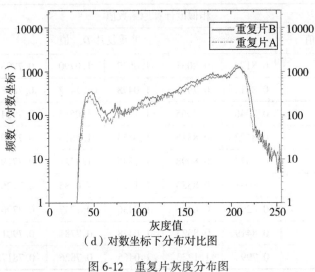

图 6-12　重复片灰度分布图

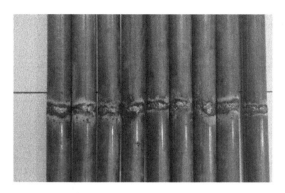

图 6-13 实验所用焊接钢管

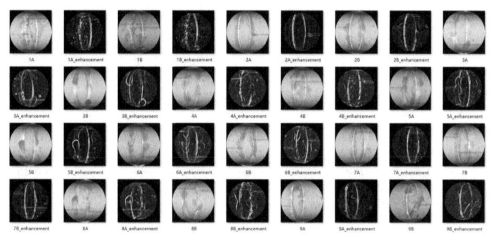

图 6-14 提取出的焊缝及其纹理增强图像

表 6-3 t 检验

h	p
1	1.2393×10^{-26}

实验结果表明，两组数据具有显著的差异性，p 值结果越小表示对假设的有效性产生怀疑的程度越高。实验数据的频数分布如图 6-15 所示，从图中可以发现重复片组的 D_{SKL} 值明显低于非重复片组，且二者分布都较为集中，具有典型的

统计学意义。因此本书进一步通过设定 D_{SKL} 阈值的方法来对焊缝射线图像的重复片进行检测，阈值计算如公式（6-15）所示。

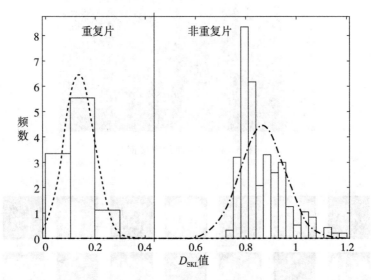

图 6-15　D_{SKL} 值分布对比分析

$$T = \frac{\mathrm{Min}(D_{\mathrm{SKL-N-TPGW}}) + \mathrm{Max}(D_{\mathrm{SKL-TPGW}})}{2} \tag{6-15}$$

式中：T 为重复片识别的阈值；$\mathrm{Min}(D_{\mathrm{SKL-N-TPGW}})$ 为非重复片 D_{SKL} 值分布的最小值；$\mathrm{Max}(D_{\mathrm{SKL-TPGW}})$ 为重复片 D_{SKL} 值分布的最大值。

为了检验本算法对重复片检测的有效性，本书设计将 5 组重复片图像与 145 组非重复片图像混合交予作业人员，使用本书提出的算法对重复片进行检测。其结果如下：

（1）5 组重复片全部检测出来；

（2）13 组非重复片被检测为重复片。

准确率的计算公式如下：

$$\mathrm{ACC} = \frac{\mathrm{TP} + \mathrm{TN}}{\mathrm{TP} + \mathrm{TN} + \mathrm{FP} + \mathrm{FN}} \tag{6-16}$$

式中：TP 为将正类预测为正类的数量；FN 为将正类预测为负类的数量；FP 为

将负类预测为正类的数量；TN 为将负类预测为负类的数量。

使用公式（6-16）计算本算法的准确率（Accuracy）为 91.3%。

在上述研究中，仍有部分（约 8.7%）非重复片被检测成重复片，但是对工业生产危害较大的重复片可以被检测出来，因此本书提出的方法可以较好地为重复片问题的发生给出预警，有效提升焊缝质量检测现场管理的效率。

6.4 基于射线图像的缺陷检测与信息识别技术的系统开发

本书在第 2 章至第 6 章研究了焊缝射线图像中关键信息的提取与识别技术，主要包括缺陷的检测与识别，文本字符的提取与识别以及小径管射线图像相似度评估技术，并且针对焊缝射线图像的特点，提出了相应的解决方法，有效地提升了焊缝射线检测工作的效率。基于本书所取得的研究成果，开发和设计了焊缝智能化检测与信息识别原型系统。该系统基于数字化射线图像对焊缝进行缺陷识别和分割、文本信息识别，以及相似度评估，以辅助现场检测人员进行检测作业。

6.4.1 系统设计

计算机网络技术的高速发展，也使得计算机系统架构由集中式的 Client/Server 架构（C/S 架构）向分布式 Browser/Server 计算架构（B/S 架构）转变。B/S 架构是基于 Web 的一种网络架构模式，浏览器为客服端的主要应用载体，系统功能的核心部分集中在服务器上，该架构在轻量化客户端载荷的同时，也提高了数据的安全性和系统后续升级的便利性。因此本书在考虑用户需求，以及原型系统的功能后续进一步提升和完善的基础上，选择对用户的技术要求相对较低且容易更新维护的 B/S 结构，其具体架构如图 6-16 所示。

根据智能化焊缝射线检测系统的功能需求，创建了焊缝射线检测数据库，数据库中包括用户基本信息、焊缝属性信息、焊缝缺陷信息、焊缝增强图像、焊缝等级分类、工程项目信息等集合。为了更好地表达焊缝射线检测数据库中多个实体之间的关系，设计了智能化焊缝射线检测原型系统数据库的实体关系图（Entity-Relation Diagram，ER），具体如图 6-17 所示。

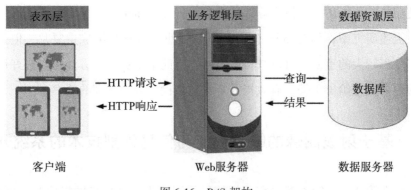

图 6-16　B/S 架构

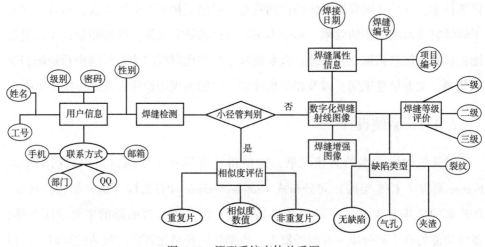

图 6-17　原型系统实体关系图

6.4.2　系统实现

基于上文的系统设计，本小节以某核电焊接项目为应用对象，开发了智能化焊缝射线检测系统，其终端界面如图 6-18 所示。该界面为系统的首页，将对已检测焊缝图像进行缺陷统计，并以饼图的形式显示检测结果。本小节将主要介绍焊缝智能化检测与信息识别原型系统中的两个主要模块：焊缝信息识别模块、小径管重复片评估模块。使用系统的第一步为将终端通过数字化扫描仪获取的数字化焊缝射线图像上传至服务器。

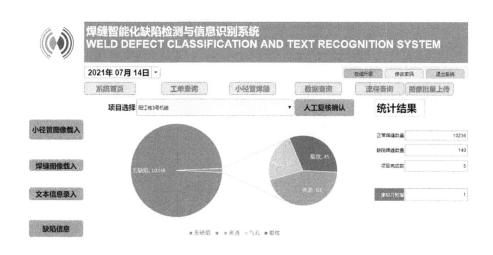

图 6-18 智能化焊缝射线检测终端系统界面

对该核电项目的焊缝射线图像中字符所代表的意义及所在区域进行分析，并提出以下策略对其进行分类识别，如流程图 6-19 所示。具体步骤如下：

（1）以焊缝为中心，将焊缝射线图像分为上下两个部分；

（2）将检测并提取出的字符图像按照从左到右的顺序进行存储；

（3）上半部分的前 8 个字符定义为焊缝射线成像的日期；

（4）上半部分最后 9 个字符定义为焊缝所属的项目编号；

（5）下半部分的前 5 个字符定义为焊缝所属的零件编号。

本书将焊缝缺陷识别算法和文本字符识别算法统一整合为焊缝信息识别模块，首先载入已上传至服务器的焊缝射线图像，本书以该核电项目的焊缝射线图像对系统进行验证，其识别结果如图 6-20 所示。

检测出的结果经过人工确认即可自动录入数据库，为后续的焊缝质量追踪以及图像检索提供必要的依据。

当对小径管的焊缝射线图像相似度进行评估时，在首页选择小径管图像后载入，即可实现对所选文件夹中所有小径管射线图像的相似度评估，并通过预先设定的阈值对其判定是否存在重复片，其终端显示界面如图 6-21 所示。

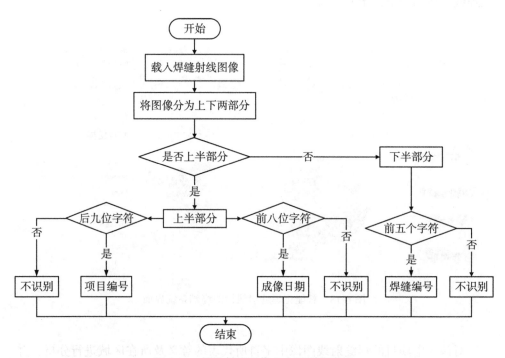

图 6-19　焊缝射线图像文本识别流程图

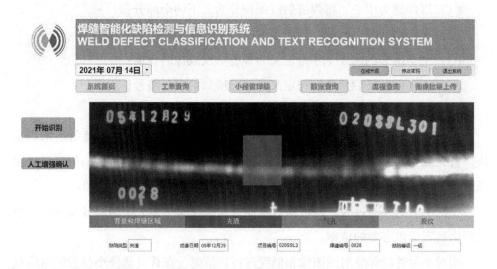

图 6-20　智能化焊缝射线检测缺陷识别与信息识别模块

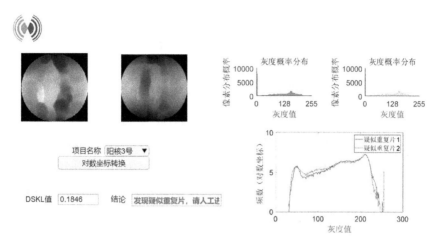

图 6-21 小径管相似度评估模块

该系统同时也集成了焊缝射线图像属性信息检索功能，可以通过项目编号、焊缝编号、图像生成日期，来对数据库中的射线图像进行检索，并同时对检索出的射线图像的缺陷信息进行统计，以环状饼图的形式呈现在终端界面，使射线检测技术真正实现信息化、智能化，其界面如图 6-22 所示。

图 6-22 焊缝射线图像检索界面

6.5　本章小结

　　本章在分析管道类焊缝射线图像成因及其特点的基础上，提出了一种基于 KL 散度的焊缝射线图像相似度计算方法。针对焊缝射线图像结构上倾斜的问题，本书提出了一种新的基于边缘中点拟合直线的管道焊缝射线图像倾斜检测算法（FLEM），该算法可以快速、精确地检测出焊缝射线图像中管道的倾斜角度，并以此来对图像进行倾斜校正。随后提出了一种基于边缘凸点（余高）的焊缝区域提取算法，对焊缝区域进行分割；针对焊缝以及焊缝与底材熔合部分，引入了图像局部熵，对其纹理进行增强；并应用 KL 散度计算两幅图像的相似度，进一步的统计分析结果表明两组数据的概率分布存在显著的差异性，并通过设定相关阈值的方法对其进行分离。该方法实现了对压力管道类焊缝射线图像相似度的精确度量，从而实现了对射线检测现场作业人员的有效监督和管理。同时本书也以某核电项目实际需求为应用对象，结合前面第 2 章到第 6 章的研究内容，开发和设计了焊缝智能化检测与信息识别原型系统。

第7章 结论与展望

7.1 研究结论

　　焊缝射线检测技术作为检验焊接质量的有效手段，已广泛应用于多个重要工业领域，但同时也面临着人工缺陷判定效率低下、智能化辅助检测实用性不高、图像检索效率低下以及现场作业人员监管问题。本书针对上述矛盾及其涉及的相关科学问题展开了探索与研究，旨在发现一种智能化、高效的基于射线图像的焊缝检测方法，取得的主要结论及成果如下：

　　（1）构建了基于图像行向量无穷范数的焊缝射线图像特征提取模型，并以此生成代表图像的特征曲线。进一步提出了一种改进的深度信念网络架构（GLFDBN）用于分辨有缺陷的特征曲线，该网络架构用高斯低通滤波器取代原网络的输入层，抑制了特征曲线的噪声信号，以提升网络对缺陷图像的探测准确率，并通过实验发现高斯滤波函数的标准差为 1.2 时，对归一化后的 480×240 的焊缝射线图像特征曲线具有较好的滤波效果，并最终使得焊缝缺陷探测的准确率达到 97.46%。

　　（2）建立了基于公开数据库的焊缝缺陷标签数据集，为后续语义分割网络架构分割效果的评估提供了可验证的数据。

　　（3）针对基于深度学习的语义分割方法在小尺寸目标识别上的局限性，提出了基于柱面投影提升缺陷目标在图像中所占比率的方法，并结合改进的 WDC-SegNet 语义分割网络架构，有效地提升了焊缝射线图像中小尺寸缺陷目标识别的准确率。进一步分析并揭示了焊缝射线图像中缺陷的误识别与语义网络架构中

Softmax 层的熵热图具有的强相关性的规律。并基于此分析，进一步研究了条件随机场在降低焊缝缺陷语义分割误识别率中的应用。实验数据表明，该方法使像素级的焊缝缺陷类型识别结果的准确率达到了 99.01%。

（4）提出了一种小波增强与相位对称性相结合的焊缝射线图像增强方法（WEPS）。WEPS 算法的原理是利用 B 样条小波对焊缝射线图像进行去噪，并对其进行纹理特征增强，将处理后的图像与原始焊缝图像相乘，然后采用基于相位对称的方法获得最终的增强图像。该方法可以从低对比度、低灰度值的焊缝图像中提取各种特征，且不需要对图形进行预处理。该方法解决了常用方法增强射线图像时存在的噪声放大、模糊图像、细节丢失等问题。进一步的评估数据表明，文本的增强算法与其他典型算法在焊缝射线图像的增强方面具有显著优势。

（5）提出了一种基于频域滤波的焊缝射线图像文本字符检测方法。利用高斯曲面与图像进行卷积，降低了焊缝区域与底材的对比度，使用频域滤波的方法使文本区域与焊缝区域分离。揭示了焊缝射线图像中焊缝与文本区域对频域滤波具有不同响应的规律，实现了焊缝射线图像中文本信息的精确定位与提取，同时为了克服卷积对图像边缘的敏感性，使用了将一定区域内的图像灰度值置零的方法来对图像的锯齿状边缘去噪。实验表明，该方法在焊缝射线图像中文本字符的检出率达到了 98%，具有较高的实用性和鲁棒性。

（6）为了能够高效地解决焊缝射线图像中文本字符的识别问题，针对射线图像中倾斜字符，提出了一种基于 Radon 变换的改进算法，对倾斜字符进行了有效的校正。针对粘连字符提出了一种基于等高线原理的粘连字符分割算法，采用卷积神经网络对校正后的焊缝图像进行识别。实验表明，对于校正后的字符识别准确率达到了 98.48%，提升了射线底片数字化扫描存储、归档和检索的效率，一定程度上解决了企业所面临的实际问题。

（7）提出了一种基于 KL 散度的焊缝射线图像重复片相似度评估方法，分别提出了基于图像中管道轴线拟合直线的图像倾斜角度检测算法，并以此对图像进行倾斜校正，接着对管道边缘数据点进行线性拟合，并依据实际数据点与拟合直线的最大距离点的坐标，来提取小径管双壁双影成像的焊缝区域，同时引入了图像局部熵，对其纹理进行增强；最后应用 KL 散度计算两幅图像的相似度。揭示了射线图像相似度与局部熵增强后的图像灰度分布具有强相关性的规律。实现了对压力管道类焊缝射线图像相似度的精确度量。

（8）以某核电项目实际需求为应用对象，设计并开发了焊缝智能化检测与信息识别原型系统。

7.2 创 新 点

本书的创新点如下：

（1）提出了焊缝射线图像柱面投影方法，克服了语义分割网络在小尺寸目标识别方面的局限性，并结合改进的 WDC-SegNet 语义分割网络和条件随机场后处理方法，有效地提升了焊缝射线图像中小尺寸缺陷目标识别的准确率。

（2）提出了小波增强与相位对称性相结合的焊缝射线图像增强方法，克服了相位对称性方法在焊缝射线图像增强中存在的"余震"问题，使检验人员较为容易地发现原图像中很难发现甚至无法发现的缺陷，有效解决了人眼对于焊缝射线图像的不适应问题。

（3）提出了焊缝射线图像中文本字符的识别方法，其中提出了基于频域滤波的文本字符提取方法，揭示了射线图像中文本字符与焊缝区域对于频域滤波具有不同响应的规律，进一步针对倾斜字符提出了基于 Radon 算法的改进算法对其进行倾斜校正，有效提升了焊缝射线图像中文本字符识别的准确率，解决了射线图像中因字符特征识别能力不足而导致的误识别率较高的问题。

（4）提出了焊缝射线图像相似度评估方法，其中提出了基于数据点到轮廓线拟合直线距离的焊缝区域提取方法，解决了小径管焊缝区域的高效提取问题，进一步揭示了射线图像相似度与局部熵增强后的图像灰度分布具有强相关性的规律，给出了焊缝射线图像相似度可量化评估指标，实现了对现场作业人员的有效监管。

7.3 研 究 展 望

本书对数字化焊缝射线图像中关键信息的提取与识别进行了一定程度的研究，并提出了相应的解决方案。但是，由于主观和客观因素的影响，本书的研究仍存在以下几个方面的问题有待改进：

（1）缺陷类型的精确分类：本书只是将未焊透、裂纹、未熔合三类缺陷归为一类，对其进行识别和定位。但是，为了满足工业生产中对射线检测的智能化及高精度的需求，笔者认为对于该三类缺陷的精确分类识别仍需要进行进一步深入研究。

（2）缺陷在焊缝中分布：进一步研究焊缝缺陷的图像分割问题，对焊缝缺陷在焊缝中的分布建立数学模型，分析不同缺陷的成因及与其在焊缝中位置的关联性。

（3）焊缝结构的三维建模和重构：本书所使用的皆为 2D 图像，而非 3D 图像。3D 图像可以更直观、准确地反映焊缝的内部结构，可以提供缺陷的高度信息，而这些是 2D 图像所无法完成的。因此，对焊缝结构进行三维建模和重构可作为焊缝缺陷检测的下一步研究方向。

参 考 文 献

［1］ 王建华, 李树轩. 实时射线成像检测［M］. 北京: 机械工业出版社, 2014.

［2］ 陈永, 刘仲毅. 实用无损检测手册［M］. 北京: 机械工业出版社, 2015.

［3］ Hassan J, Awan A M, Jalil A. Welding defect detection and classification using geometric features［C］//2012 10th International Conference on Frontiers of Information Technology, Islamabad, Pakistan, IEEE, 2012: 139-144.

［4］ 佟彤, 蔡艳, 孙大为, 等. 基于有监督过渡区的焊缝 X 射线图像分割［J］. 焊接学报, 2014, 35 (003): 101-104.

［5］ Yan K, Dong Q, Sun T, et al. Weld defect detection based on completed local ternary patterns［C］//ICVIP, Singapore, Association for Computing Machinery, 2017: 6-14.

［6］ Oh S-j, Jung M-j, Lim C, et al. Automatic detection of welding defects using faster R-CNN［J］. Appl Sci-Basel, 2020, 10 (23): 8629.

［7］ Hou W, Wei Y, Jin Y, et al. Deep features based on a DCNN model for classifying imbalanced weld flaw types［J］. Measurement, 2019, 131: 482-489.

［8］ Roman S, Viacheslav V, Nikolay G, et al. Automatic detection of welding defects using the convolutional neural network［C］//ProcSPIE, 2019: 11061.

［9］ Radi D, Eldin A Abo-Elsoud M, Khalifa F. Segmenting welding flaws of non-horizontal shape［J］. Alexandria Eng J, 2021, 60 (4): 4057-4065.

［10］ Malarvel M, Singh H. An autonomous technique for weld defects detection and classification using multi-class support vector machine in X-radiography image［J］. Optik, 2021, 231: 166342.

［11］ Chen B Z, Fang Z H, Xia Y, et al. Accurate defect detection via sparsity reconstruction for weld radiographs ［J］. NDT & E Int, 2018, 94: 62-69.

［12］ 穆为磊. 射线检测图像处理及缺陷类型识别方法研究与应用 ［D］. 西安: 西安交通大学, 2013.

［13］ Yang L, Wang H, Huo B, et al. An automatic welding defect location algorithm based on deep learning ［J］. NDT & E Int, 2021, 120: 102435.

［14］ Ye G L, Guo J W, Sun Z Z, et al. Weld bead recognition using laser vision with model-based classification ［J］. Rob Comput Integr Manuf, 2018, 52: 9-16.

［15］ Lin Z, Ying Jie Z, Bo Chao D, et al. Welding defect detection based on local image enhancement ［J］. IET Image Proc, 2019, 13 (13): 2647-2658.

［16］ Pandiyan V, Murugan P, Tjahjowidodo T, et al. In-process virtual verification of weld seam removal in robotic abrasive belt grinding process using deep learning ［J］. Rob Comput Integr Manuf, 2019, 57: 477-487.

［17］ Siryabe E, Juliac E, Barthe A, et al. X-ray digital detector array radiology to infer sagging depths in welded assemblies ［J］. NDT & E Int, 2020, 111: 102238.

［18］ Yan Z H, Xu H, Huang P F. Multi-scale multi-intensity defect detection in ray image of weld bead ［J］. NDT & E Int, 2020, 116: 102342.

［19］ 中华人民共和国行业标准. 承压设备无损检测 (第二部分: 射线检测). JB/T 47302 ［S］. 北京: 中国标准出版社, 2005.

［20］ European U. EN 14096-1 Non-destructive testing-Qualification of radiographic film digitisationsystems. Part 1. Definitions, quantitative measurements of image quality parameters, standardreference film and qualitative control ［S］. 2003. European Union.

［21］ Daum W, Rose P, Heidt H, et al. Automatic recognition of weld defects in X-ray inspection ［J］. Br J Non-Destr Test, 1987, 29 (2): 79-82.

［22］ Shafeek H I, Gadelmawla E S, Abdel-Shafy A A, et al. Assessment of welding defects for gas pipeline radiographs using computer vision ［J］. NDT & E Int, 2004, 37 (4): 291-299.

［23］ Rathod V R, Anand R S. A novel method for detection and quantification of incomplete penetration type flaws in weldments ［J］. J X-Ray Sci Technol, 2011, 19（2）: 261-274.

［24］ Gharsallah M B, Mhammed I B, Braiek E B. Improved geometric anisotropic diffusion filter for radiography image enhancement ［J］. Intell Autom Soft Comput, 2016,（11）: 1-9.

［25］ Movafeghi A, Mohammadzadeh N, Yahaghi E, et al. Defect detection of industrial radiography images of ammonia pipes by a sparse coding model ［J］. J Nondestr Eval, 2018, 37（1）: 3.

［26］ Jiang H, Zhao Y, Gao J, et al. Adaptive pseudo-color enhancement method of weld radiographic images based on HSI color space and self-transformation of pixels ［J］. Rev Sci Instrum, 2017, 88（6）: 194.

［27］ Ajmi C, Ferchichi S E, Laabidi K. New procedure for weld defect detection based-Gabor filter ［C］//2018 International Conference on Advanced Systems and Electric Technologies（IC_ASET）, Hammamet, Tunisia, IEEE, 2018: 11-16.

［28］ Mu W L, Gao J M, Jiang H Q, et al. Automatic classification approach to weld defects based on PCA and SVM ［J］. Insight, 2013, 55（10）: 535-539.

［29］ Yahaghi E, Movafeghi A. Contrast enhancement of industrial radiography images by gabor filtering with automatic noise thresholding ［J］. Russ J Nondestr Test, 2019, 55（1）: 73-79.

［30］ Dang C, Gao J, Wang Z, et al. Multi-step radiographic image enhancement conforming to weld defect segmentation ［J］. IET Image Proc, 2015, 9（11）: 943-950.

［31］ Tang S X, Liu B F, Zeng Q L. Serial number intelligent inspection and recognition method in X-ray negative ［J］. Journal of Jishou University, 2004, 5（3）: 47-50.

［32］ Matas J, Chum O, Urban M, et al. Robust wide-baseline stereo from maximally stable extremal regions ［J］. Image Vision Comput, 2004, 22（10）: 761-767.

［33］ Ezaki N, Bulacu M, Schomaker L. Text detection from natural scene images：towards a system for visually impaired persons ［C］//Proceedings of the 17th International Conference on Pattern Recognition ICPR 2004, Cambridge, UK, IEEE, 2004：2：683-686.

［34］ Neumann L, Matas J. Real-time scene text localization and recognition ［C］// 2012 IEEE Conference on Computer Vision and Pattern Recognition, USA, IEEE Computer Society, 2012：3538-3545.

［35］ Xu Cheng Y, Xu Wang Y, Kai Zhu H, et al. Robust text detection in natural scene images ［J］. IEEE Trans Pattern Anal Mach Intell, 2013, 36 (5)：970-983.

［36］ 王润民, 桑农, 丁丁, 等. 自然场景图像中的文本检测综述 ［J］. 自动化学报, 2018, 44 (12)：2113-2141.

［37］ Zheng Z, Wei S, Cong Y, et al. Symmetry-based text line detection in natural scenes ［C］//IEEE Conference on Computer Vision & Pattern Recognition, Boston, IEEE Computer Society, 2015：2558-2567.

［38］ Tian Z, Huang W L, He T, et al. Detecting text in natural image with connectionist text proposal network ［C］//ECCV2016, Amherst Dam, Springer International Publishing, 2016：56-72.

［39］ 肖珂, 戴舜, 何云华, 等. 基于城市监控的自然场景图像的中文文本提取方法 ［J］. 计算机研究与发展, 2019, 56 (07)：1525-1533.

［40］ 顾志军, 李昊. 浅析小径管焊缝射线检测工艺的优化 ［J］. 中国特种设备安全, 2018, 034 (011)：35-38.

［41］ 史潇婉. 焊缝射线探伤图像的造假检测研究 ［D］. 郑州：河南大学, 2019.

［42］ Mery D, Riffo V, Zscherpel U, et al. GDXray：The database of X-ray images for nondestructive testing ［J］. J Nondestr Eval, 2015, 34 (4)：42.

［43］ 党长营. 射线检测缺陷识别方法研究及应用 ［D］. 西安：西安交通大学, 2016.

［44］ He Y, Yu Z, Li J, et al. Discerning weld seam profiles from strong arc background for the robotic automated welding process via visual attention features

[J]. CHIN. J. MECH. ENG-EN, 2020, 33（1）：21.

[45] 田鹏. 高频焊管焊接工艺优化及综合性能评价方法的研究［D］. 秦皇岛：燕山大学，2019.

[46] Chang Y S, Gao J M, Jiang H Q. A novel method of text detection in radiographic images ［J］. Insight, 2019, 61（10）：591-596.

[47] 国家能源局. 承压设备无损检测. 射线检测［S］. 北京：中国标准出版社，2015.

[48] 甘萌. 信号的稀疏表达在滚动轴承故障特征提取及智能诊断中的应用研究［D］. 合肥：中国科技大学，2017.

[49] 霍恩，约翰逊. 矩阵分析［M］. 北京：机械工业出版社，2014.

[50] Cruz Y J, Rivas M, Quiza R, et al. Computer vision system for welding inspection of liquefied petroleum gas pressure vessels based on combined digital image processing and deep learning techniques ［J］. Sensors, 2020, 20（16）：

[51] 余成波，陶红艳，张莲. 信号与系统［M］. 北京：清华大学出版社，2007.

[52] R. Castlman K. 数字图像处理 Digital image processing［M］. 北京：电子工业出版社，2008.

[53] Dang C, Gao J, Wang Z, et al. A novel method for detecting weld defects accurately and reliably in radiographic images ［J］. Insight, 2016, 58（1）：28-34.

[54] Salehi S S M, Erdogmus D, Gholipour A. Auto-context convolutional neural network（auto-net）for brain extraction in magnetic resonance imaging ［J］. IEEE Trans Med Imaging, 2017, 36（11）：2319-2330.

[55] Chen L, Bentley P, Mori K, et al. DRINet for medical image segmentation ［J］. IEEE Trans Med Imaging, 2018, 37（11）：2453-2462.

[56] Hinton G E, Osindero S, Teh Y W. A fast learning algorithm for deep belief nets ［J］. Neural Comput, 2006, 18（7）：1527-1554.

[57] 宋凯凯. 基于深度学习的图像情感分析研究［D］. 合肥：中国科学技术大学，2018.

[58] Rosenblatt, F. The perceptron：a probabilistic model for information storage and

organization in the brain［J］. Psychol Rev, 1958, 65: 386-408.

［59］ Zhao, Xing, Chen, et al. Spectral-spatial classification of hyperspectral data based on deep belief network［J］. IEEE J Sel Top Appl Earth Obs Remote Sens, 2015.

［60］ Vincent P, Larochelle H, Lajoie I, et al. Stacked denoising autoencoders: learning useful representations in a deep network with a local denoising criterion ［J］. J MACH LEARN RES, 2010, 11（12）: 3371-3408.

［61］ 周志华. 机器学习［M］. 北京: 清华大学出版社, 2016.

［62］ Clevert D-A, Unterthiner T, Hochreiter S. Fast and accurate deep network learning by exponential linear units（ELUs）［J］. Comput Sci. , 2015.

［63］ Ince T, Kiranyaz S, Eren L, et al. Real-Time Motor Fault Detection by 1-D Convolutional Neural Networks［J］. IEEE Trans Ind Electron, 2016, 63（11）: 7067-7075.

［64］ Wen L, Li X, Gao L, et al. A New Convolutional Neural Network-Based Data-Driven Fault Diagnosis Method［J］. IEEE Trans Ind Electron, 2018, 65（7）: 5990-5998.

［65］ Liu R, Wang F, Yang B, et al. Multiscale Kernel Based Residual Convolutional Neural Network for Motor Fault Diagnosis Under Nonstationary Conditions［J］. IEEE Trans. Ind. Inf. , 2020, 16（6）: 3797-3806.

［66］ Hinton G E, Osindero S, Teh Y W. A fast learning algorithm for deep belief nets ［J］. Neural Comput, 2006.

［67］ 胡永涛. 基于多特征融合及深度信念网络的轴承故障诊断［D］. 秦皇岛: 燕山大学, 2017.

［68］ 曾日芽. 履带机器人地形辨识及自主行驶控制研究［D］. 北京: 北京科技大学, 2021.

［69］ 吕启. 基于深度学习的遥感图像分类关键技术研究［D］. 长沙: 国防科技大学, 2016.

［70］ Hinton G E. Training products of experts by minimizing contrastive divergence ［J］. Neural Comput, 2002, 14（8）: 1771-1800.

［71］ Baldi P, Sadowski P, Whiteson D. Searching for exotic particles in high-energy physics with deep learning ［J］. Nat Commun, 2014, 5（1）: 4308.

［72］ Chen X, Lin X. Big data deep learning: challenges and perspectives ［J］. IEEE Access, 2014, 2: 514-525.

［73］ Salakhutdinov R, Hinton G E. Using deep belief nets to learn covariance kernels for gaussian processes ［C］//The 20th International Conference on Neural Information Processing Systems, Vancouver, British Columbia, Canada, Curran Associates Inc. , 2007: 1249-1256.

［74］ Kong X, Li C, Zheng F, et al. Improved deep belief network for short-term load forecasting considering demand-side management ［J］. IEEE Trans Power Syst, 2020, 35（2）: 1531-1538.

［75］ Karimi M, Majidi M, MirSaeedi H, et al. A novel application of deep belief networks in learning partial discharge patterns for classifying corona, surface, and internal discharges ［J］. IEEE Trans Ind Electron, 2020, 67（4）: 3277-3287.

［76］ Wu F, Wang Z, Lu W, et al. Regularized deep belief network for image attribute detection ［J］. IEEE Trans Circuits Syst Video Technol, 2017, 27（7）: 1464-1477.

［77］ Félix G, Siller M, Álvarez E N. A fingerprinting indoor localization algorithm based deep learning ［C］//2016 Eighth International Conference on Ubiquitous and Future Networks（ICUFN）, 2016: 1006-1011.

［78］ Xing S, Lei Y, Wang S, et al. Distribution-invariant deep belief network for intelligent fault diagnosis of machines under new working conditions ［J］. IEEE Trans Ind Electron, 2021, 68（3）: 2617-2625.

［79］ Deng W, Liu H, Xu J, et al. An Improved Quantum-Inspired Differential Evolution Algorithm for Deep Belief Network ［J］. IEEE Trans Instrum Meas, 2020, 69（10）: 7319-7327.

［80］ Olofsson P, Foody G M, Herold M, et al. Good practices for estimating area and assessing accuracy of land change ［J］. Remote Sens Environ, 2014, 148: 42-57.

［81］ Pan H, Pang Z, Wang Y, et al. A new image recognition and classification method combining transfer learning algorithm and mobileNet model for welding defects ［J］. IEEE Access, 2020, 8: 119951-119960.

［82］ Guo R, Liu H, Xie G, et al. Weld defect detection from imbalanced radiographic images based on contrast enhancement conditional generative adversarial network and transfer learning ［J］. IEEE Sens J, 2021, 21 (9): 10844-10853.

［83］ 谢江荣. 基于深度学习的空中红外目标检测关键技术研究 ［D］. 上海: 中国科学院大学 (中国科学院上海技术物理研究所), 2019.

［84］ Wei Z, Mingyu C, Liping W. Algorithms for optical weak small targets detection and tracking: review ［C］//International Conference on Neural Networks and Signal Processing, 2003 Proceedings of the 2003, Nanjing, China, IEEE, 2003: 1: 643-647 Vol. 641.

［85］ 中华人民共和国国家标准. 金属熔化焊接头缺欠分类及说明. GB/T 64171—2005 ［S］. 北京: 中国标准出版社, 2005.

［86］ 中华人民共和国国家标准. 金属熔化焊缝缺陷分类及说明. GB 6417—86 ［S］. 北京: 中国标准出版社,

［87］ 中华人民共和国国家标准. 金属熔化焊焊接接头射线照相. GB/T 3323 ［S］. 北京: 中国标准出版社, 2005.

［88］ Yang Z, Yu H, Feng M, et al. Small object augmentation of urban scenes for real-time semantic segmentation ［J］. IEEE Trans Image Process, 2020, 29: 5175-5190.

［89］ Guo D, Zhu L, Lu Y, et al. Small object sensitive segmentation of urban street scene with spatial adjacency between object classes ［J］. IEEE Trans Image Process, 2019, 28 (6): 2643-2653.

［90］ Ding J, Chen B, Liu H, et al. Convolutional neural network with data augmentation for SAR target recognition ［J］. IEEE Geosci Remote Sens Lett, 2016: 364-368.

［91］ Shelhamer E, Long J, Darrell T. Fully convolutional networks for semantic segmentation〔M〕. IEEE Computer Society, 2017.

〔92〕 Ronneberger O, Fischer P, Brox T. U-Net: convolutional networks for biomedical image segmentation〔C〕//Medical Image Computing and Computer-Assisted Intervention-MICCAI 2015, Munich, Germany, Springer, Cham, 2015: 9351: 234-241.

〔93〕 Badrinarayanan V, Kendall A, Cipolla R. SegNet: a deep convolutional encoder-decoder architecture for image segmentation〔J〕. IEEE Trans Pattern Anal Mach Intell, 2017: 1-1.

〔94〕 Simonyan K, Zisserman A. Very deep convolutional networks for large-scale image recognition〔J〕. Comput Sci. , 2014.

〔95〕 Peng Y, Zhang L, Liu S, et al. Dilated Residual Networks with Symmetric Skip Connection for image denoising〔J〕. Neurocomputing, 2019, 345: 67-76.

〔96〕 Ioffe S, Szegedy C. Batch normalization: accelerating deep network training by reducing internal covariate shift〔C〕//The 32nd International Conference on International Conference on Machine Learning, Lille, France, JMLR. org, 2015: 37: 448-456.

〔97〕 Wang F, Liu R, Hu Q, et al. Cascade Convolutional Neural Network With Progressive Optimization for Motor Fault Diagnosis Under Nonstationary Conditions〔J〕. IEEE Trans Ind Inf, 2021, 17 (4): 2511-2521.

〔98〕 Siam M, Elkerdawy S, Jagersand M, et al. Deep semantic segmentation for automated driving: taxonomy, roadmap and challenges〔C〕//2017 IEEE 20th International Conference on Intelligent Transportation Systems (ITSC), Yokohama, Japan, IEEE, 2017: 1-8.

〔99〕 Daimary D, Bora M B, Amitab K, et al. Brain tumor segmentation from MRI images using hybrid convolutional neural networks〔J〕. Procedia Comput Sci, 2020, 167: 2419-2428.

〔100〕 Ruiz-Santaquitaria J, Pedraza A, Sánchez C, et al. Deep learning versus classic methods for multi-taxon diatom segmentation〔C〕//Pattern Recognition and Image Analysis IbPRIA 2019, Madrid, Spain, Springer

International Publishing, 2019, 11867: 342-354.

[101] Chen L, Papandreou G, Kokkinos I, et al. DeepLab: semantic image segmentation with deep convolutional nets, atrous convolution, and fully connected CRFs [J]. IEEE Trans Pattern Anal Mach Intell, 2018, 40 (4): 834-848.

[102] 王陆洋. 基于卷积神经网络的图像人群计数研究 [D]. 合肥: 中国科学技术大学, 2020.

[103] Yu F, Koltun V. Multi-scale context aggregation by dilated convolutions [J]. 2016.

[104] Ma J C, Li Y X, Liu H J, et al. Improving segmentation accuracy for ears of winter wheat at flowering stage by semantic segmentation [J]. Comput Electron Agric, 2020, 176: 105662.

[105] Majeed Y, Zhang J, Zhang X, et al. Deep learning based segmentation for automated training of apple trees on trellis wires [J]. Comput Electron Agric, 2020, 170: 105277.

[106] Wang P, Chen P, Yuan Y, et al. Understanding convolution for semantic segmentation [C] //2018 IEEE Winter Conference on Applications of Computer Vision (WACV), Lake Tahoe, NV, USA: 2018: 1451-1460.

[107] Mo N, Yan L, Zhu R, et al. Class-specific anchor based and context-guided multi-class object detection in high resolution remote sensing imagery with a convolutional neural network [J]. Remote Sense, 2019, 11 (3): 272.

[108] Ampatzidis Y, Partel V. UAV-based high throughput phenotyping in citrus utilizing multispectral imaging and artificial intelligence [J]. Remote Sense, 2019, 11 (4): 410.

[109] Mahmud M S, Zaman Q U, Esau T J, et al. Development of an artificial cloud lighting condition system using machine vision for strawberry powdery mildew disease detection [J]. Comput Electron Agric, 2019, (158): 219-225.

[110] Lafferty J D, McCallum A, Pereira F C N. Conditional random fields: probabilistic models for segmenting and labeling sequence data [C] //

Proceedings of the Eighteenth International Conference on Machine Learning, San Francisco, CA, USA, Morgan Kaufmann Publishers Inc. , 2001: 282-289.

[111] Kamnitsas K, Ledig C, Newcombe V F J, et al. Efficient multi-scale 3D CNN with fully connected CRF for accurate brain lesion segmentation [J]. Med Image Anal, 2017, 36: 61-78.

[112] Gharaibeh Y, Prabhu D, Kolluru C, et al. Coronary calcification segmentation in intravascular OCT images using deep learning: application to calcification scoring [J]. J Med Imaging, 2019, 6 (4): 045002.

[113] Yang H L, Yuan J, Lunga D, et al. Building extraction at scale using convolutional neural network: mapping of the united states [J]. IEEE J Sel Top Appl Earth Obs Remote Sens, 2018, 11 (8): 2600-2614.

[114] Torres D L, Feitosa R Q, Happ P N, et al. Applying fully convolutional architectures for semantic segmentation of a single tree species in urban environment on high resolution UAV optical imagery [J]. Sensors (Basel, Switzerland), 2020, 20 (2).

[115] Yue Y, Li X, Zhao H, et al. Image segmentation method of crop diseases based on improved segnet neural network [C] //2020 IEEE International Conference on Mechatronics and Automation (ICMA), Beijing, China, IEEE, 2020: 1986-1991.

[116] Krähenbühl P, Koltun V. Efficient inference in fully connected CRFs with gaussian edge potentials [J]. Adv Neural Inf Process Syst, 2012, 24.

[117] 蒋林峰. 基于条件随机场模型的目标检测方法研究 [D]. 上海: 上海交通大学, 2019.

[118] Zheng S, Jayasumana S, Romera-Paredes B, et al. Conditional random fields as recurrent neural networks [C] //2015 IEEE International Conference on Computer Vision (ICCV), Santiago, Chile, IEEE, 2015: 1529-1537.

[119] 侯文慧. 基于深度学习的焊缝图像缺陷识别方法研究 [D]. 合肥: 中国科学技术大学, 2019.

[120] Ajmi C, Zapata J, Martínez-Álvarez J J, et al. Using deep learning for defect

classification on a small weld X-ray image dataset［J］. J Nondestr Eval, 2020, 39（3）: 68.

［121］ Zhang Z, Wen G, Chen S. Weld image deep learning-based on-line defects detection using convolutional neural networks for Al alloy in robotic arc welding ［J］. J Manuf Processes, 2019, 45: 208-216.

［122］ Yahaghi E, Hosseini-Ashrafi M. Enhanced defect detection in radiography images of welded objects ［J］. NondestrTest Eval, 2019, 34（1）: 13-22.

［123］ Miao R, Jiang Z, Zhou Q, et al. Online inspection of narrow overlap weld quality using two-stage convolution neural network image recognition ［J］. Machine Vision and Applications, 2021, 32（1）: 27.

［124］ Ma G, Yuan H, Yu L, et al. Monitoring of weld defects of visual sensing assisted GMAW process with galvanized steel ［J］. Mater Manuf Processes, 2021, 36（10）: 1178-1188.

［125］ Mu W L, Gao J M, Jiang H Q, et al. A method of radiographic image quality enhancement ［C］//2014 Sixth International Conference on Measuring Technology and Mechatronics Automation, Hong Kong, IEEE, 2013: 29-32.

［126］ Morrone M C, Burr D C. Feature detection in human vision: a phase-dependent energy model ［J］. Proc R Soc London, Ser B, 1988, 235（1280）: 221-245.

［127］ Kovesi P. Symmetry and asymmetry from local phase ［J］. Tenth Australian Joint Converence on Artificial Intelligence, 1997: 2-4.

［128］ Jun W, zaoyuan Y, Dengchao F. A method of image symmetry detection based on phase information ［J］. Transactions of Tianjin University, 2005, 11（06）: 41-45.

［129］ Atallah. On symmetry detection ［J］. IEEE Trans Comput, 2006, C-34（7）: 663-666.

［130］ Chang Y, Gao J, Jiang H, et al. A novel method of radiographic image enhancement based on phase symmetry ［J］. Insight - Non-Destructive Testing and Condition Monitoring, 2019, 61（10）: 577-583.

［131］ 肖志涛, 侯正信, 国澄明, 等. 基于相位信息的图像特征检测算法: 对称

相位一致性〔J〕. 天津大学学报：自然科学与工程技术版，2004，37（8）：695-699.

〔132〕 Kovesi P. Phase is an important low-level image invariant〔C〕//Pacific Rim Conference on Advances in Image and Video Technology, Santiago, Chile, Springer-Verlag, 2007：4.

〔133〕 Mery D, Svec E, Arias M. Object recognition in X-ray testing using adaptive sparse representations〔J〕. J Nondestr Eval, 2016, 35（3）：45.

〔134〕 Mallat S G. Multiresolution approximation and wavelet orthonormal bases of L^2（R）〔J〕. Trans Am Math Soc, 1989, 315（1）：69-87.

〔135〕 Mallat S, Hwang W L. Singularity detection and processing with wavelets〔J〕. IEEE Trans. Inf. Theory, 1992, 38（2）：617-643.

〔136〕 Mallat S G. A theory for multiresolution signal decomposition：the wavelet representation〔J〕. IEEE Trans Pattern Anal Mach Intell, 1989, 11（7）：674-693.

〔137〕 Daubechies I. Ten lectures on wavelets〔J〕. Comput. Phys. , 1998, 6（3）：1671-1671.

〔138〕 贾天旭, 郑南宁, 张元亮. 中心 B 样条二进小波多尺度边缘提取〔J〕. 自动化学报, 1998（2）：50-57.

〔139〕 Unser M, Aldroubi A, Eden M. On the asymptotic convergence of B -spline wavelets to Gabor functions〔J〕. IEEE Trans. Inf. Theory, 1992, 38（2）：864-872.

〔140〕 Volkmer H. On the regularity of wavelets〔J〕. IEEE Trans Inf Theory, 1992, 38（2）：872-876.

〔141〕 Morrone M C, Owens R A. Feature detection from local energy〔J〕. Pattern Recognit. Lett. , 1987, 6（5）：303-313.

〔142〕 Morrone M C, Ross J, Burr D C, et al. Mach bands are phase dependent〔J〕. Nature, 1986, 324（6094）：250.

〔143〕 肖志涛. 基于相位信息的图像特征检测和基于 DSP 的图像匹配处理机的研究〔D〕. 天津：天津大学, 2003.

[144] Ross J, Morrone M C, Burr D C. The conditions under which Mach bands are visible [J]. Vision Res. , 1989, 29 (6): 699-715.

[145] Fleet D J. Measurement of image velocity [M]. Springer Science & Business Media. 2012.

[146] Kovesi P. Phase congruency: A low-level image invariant [J]. PSYCHOL RES, 2000, 64 (2): 136-148.

[147] Kovesi P. Image features from phase congruency [J]. Videre: Journal of computer vision research, 1999, 1 (3): 1-26.

[148] Field D J. Relations between the statistics of natural images and the response properties of cortical cells [J]. J Opt Soc Am A: , 1987, 4 (12): 2379-2394.

[149] Arróspide J, Salgado L. Log-Gabor flters for image-based vehicle verification [J]. IEEE Trans Image Process, 2013, 22 (6): 2286-2295.

[150] Kovesi P. Image Features From Phase Congruency [D]. Perth: University of Western Australia, 1995.

[151] 万里红. 图像表示的多级特征提取研究与应用 [D]. 上海: 上海交通大学, 2017.

[152] Zhou J C. Overview of image quality assessment research [J]. Comput. Sci. , 2008.

[153] Jobson D J, Rahman Z, . , Woodell G A. A multiscale retinex for bridging the gap between color images and the human observation of scenes [J]. IEEE Trans. Image Process, 2002, 6 (7): 965-976.

[154] Ji T L, Sundareshan M K, Roehrig H, . Adaptive image contrast enhancement based on human visual properties [J]. IEEE Transmedimaging, 1994, 13 (4): 573-586.

[155] Abdullah-Al-Wadud M, Kabir M H, Dewan M A A, et al. A dynamic histogram equalization for image contrast enhancement [J]. IEEE Trans. Consum Electron, 2007, 53 (2): 593-600.

[156] Ming S Q, Gao J M, Cheng L. Segmentation of weld defects based on water-flooding principle [J]. Journal of Xi'an Jiaotong University, 2010, 44 (3):

90-94.

[157] Hummel R. Image enhancement by histogram transformation [J]. Computer Graphics & Image Processing, 1977, 6 (2): 184-195.

[158] Deng G, Cahill L W, Tobin G R. The study of logarithmic image processing model and its application to image enhancement [J]. IEEE Trans. Image Process, 2002, 4 (4): 506-512.

[159] Jobson D J, Woodell G A. Retinex processing for automatic image enhancement [J]. J Electronic Imaging, 2004, 13 (1): 100-110.

[160] Woodell G A. Multi-scale retinex for color image enhancement [C] //The 3rd IEEE International Conference on Image Processing, Lausanne, Switzerland, IEEE, 1996: 3: 1003-1006.

[161] 凌霄. 基于多重约束的多源光学卫星影像自动匹配方法研究 [D]. 武汉: 武汉大学, 2017.

[162] 章勇. 基于二维 Log Gabor 虹膜识别及特征信息安全保护技术的研究 [D]. 广州: 华南理工大学, 2013.

[163] Kendall M G, Stuart A. The advanced theory of statistics [J]. J. Appl. Stat., 1979, 2 (2).

[164] 彭敏. 西南典型地质高背景区土壤-作物系统重金属迁移富集特征与控制因素 [D]. 北京: 中国地质大学 (北京), 2020.

[165] 丁佳立. 基于分布式电流检测的复杂输电线路行波故障定位方法研究 [D]. 上海: 上海交通大学, 2019.

[166] Fritz B, Müller D A, Sutter R, et al. Magnetic resonance imaging-based grading of cartilaginous bone tumors: added value of quantitative texture analysis [J]. Invest. Radiol., 2018, 53 (11): 1.

[167] Chandarana H, Rosenkrantz A B, Mussi T C, et al. Histogram analysis of whole-lesion enhancement in differentiating clear cell from papillary subtype of renal cell cancer [J]. Radiology, 2012, 265 (3): 790-798.

[168] Goyal A, Razik A, Kandasamy D, et al. Role of MR texture analysis in histological subtyping and grading of renal cell carcinoma: a preliminary study

〔J〕. Abdom. Radiol. , 2019, 44 (10): 3336-3349.

〔169〕 迟淑萍. CT 灰度直方图对实性肺结节的鉴别诊断价值〔J〕. 放射学实践, 2016, 31 (009): 866-869.

〔170〕 Nacereddine N, Goumeidane A B, Ziou D. Unsupervised weld defect classification in radiographic images using multivariate generalized Gaussian mixture model with exact computation of mean and shape parameters〔J〕. Comput. Ind. , 2019, (108): 132-149.

〔171〕 Zahran O, Kasban H, Elkordy M, et al. Automatic weld defect identification from radiographic images〔J〕. NDT & E Int, 2013, 57 (6): 26-35.

〔172〕 Arica N, Yarman-Vural F T. Optical character recognition for cursive handwriting〔J〕. IEEE Trans Pattern Anal Mach Intell, 2002, 24 (6): 801-813.

〔173〕 Impedovo S. Optical character recognition techniques— a survey〔J〕. Int J Pattern Recognit Artif Intell, 1991, 05: 1-24.

〔174〕 White J M, Rohrer G D. Image thresholding for optical character recognition and other applications requiring character image extraction〔J〕. IBM J. Res. Dev. , 1983, 27 (4): 400-411.

〔175〕 Liang J, Doermann D, Li H P. Camera-based analysis of text and documents: a survey〔J〕. Int J Doc Anal Recogn, 2005, 7 (2-3): 84-104.

〔176〕 Epshtein B, Ofek E, Wexler Y. Detecting text in natural scenes with stroke width transform〔C〕//2010 IEEE Computer Society Conference on Computer Vision and Pattern Recognition, San Francisco, CA, USA, IEEE, 2010: 2963-2970.

〔177〕 Zhang J L, Guo L M, Su Y, et al. Detecting Chinese calligraphy style consistency by deep learning and one-class SVM〔C〕//International Conference on Image, Chengdu: 2017: 83-86.

〔178〕 冯新星, 张丽艳, 叶南, 等. 二维高斯分布光斑中心快速提取算法研究〔J〕. 光学学报, 2012 (5): 70-77.

〔179〕 Ohtsu N. A threshold selection method from gray-level histograms〔J〕. IEEE

Trans Syst Man Cybern: Syst, 1979, 9 (1): 62-66.

[180] Diggle P J, Serra J. Image analysis and mathematical morphology [M]. 1982.

[181] Lucas S M. ICDAR 2005 text locating competition results [C] //International Conference on Document Analysis & Recognition, Seoul, South Korea: 2005: 1: 80-84.

[182] Yuan Y, Zou W, Zhao Y, et al. A robust and efficient approach to license plate detection [J]. IEEE Trans Image Process, 2017, 26 (3): 1102-1114.

[183] Alghaili A M, Mashohor S, Ramli A R, et al. Vertical-edge-based car-license-plate detection method [J]. IEEE Trans Veh Technol, 2013, 62 (1): 26-38.

[184] Dun J, Zhang S, Ye X, et al. Chinese license plate localization in multi-lane with complex background based on concomitant colors [J]. IEEE Intell Transp Syst Mag, 2015, 7 (3): 51-61.

[185] Yi M. Robust recovery of transform invariant low-rank textures: United States, 8463073 [P]. 2013-06/11.

[186] Zhang Z D, Ganesh, Arvind, et al. TILT: Transform invariant low-rank textures [J]. Int J Comput Vision, 2012, 99 (1): 1-24.

[187] Duda R O, Hart P E. Use of the hough transform to detect lines and curves in pictures [J]. Cacm, 1972, 15 (1): 11-15.

[188] Singh C, Bhatia N, Kaur A. Hough transform based fast skew detection and accurate skew correction methods [J]. Pattern Recognit, 2008, 41 (12): 3528-3546.

[189] Arulmozhi K, Perumal S A, Mohan M V, et al. Skew detection and correction of Indian vehicle license plate using polar Hough Transform research [C] // IEEE International Conference on Computational Intelligence & Computing Research, Coimbatore: 2013: 1-4.

[190] Bo Y, Tan C L. Convex hull based skew estimation [J]. Pattern Recognit, 2007, 40 (2): 456-475.

[191] Fiddy M A. The radon transform and some of its applications [J]. Optica Acta International Journal of Optics, 1985, 32 (1): 3-4.

[192] Mohammadi J, Akbari R, Haghighat M K B. Vehicle speed estimation based on the image motion blur using RADON transform [C] //2010 2nd International Conference on Signal Processing Systems, Dalian, China, IEEE, 2010: 1: 243-247.

[193] Fujisawa T, Ikehara M. High-accuracy image rotation and scale estimation using radon transform and sub-pixel shift estimation [J]. IEEE Access, 2019, 7 (February): 22719-22728.

[194] Nir G, Zackay B, Ofek E O. Optimal and efficient streak detection in astronomical images [J]. Astron J, 2018, 156 (5): 229.

[195] Ramandi H Y, Faez K, Ardekani M H. A novel approach of skew estimation and correction in persian manuscript text using radon transform [C] //2012 IEEE Symposium on Computers & Informatics (ISCI), Penang, Malaysia, IEEE, 2012: 198-202.

[196] Shu H Z, Zhou J, Han G N, et al. Image reconstruction from limited range projections using orthogonal moments [J]. Pattern Recognit, 2007, 40 (2): 670-680.

[197] Wang T J, Sze T W. The image moment method for the limited range CT image reconstruction and pattern recognition [J]. Pattern Recognit, 2001, 34 (11): 2145-2154.

[198] Jin S S, Haitsma J, Kalker T, et al. A robust image fingerprinting system using the Radon transform [J]. Signal Process Image Commun, 2004, 19 (4): 325-339.

[199] Chang Y S, Wang W K. Text recognition in radiographic weld images [J]. Insight, 2019, 61 (10): 597-602.

[200] Sharma N, Shivakumara P, Pal U, et al. A new method for character segmentation from multi-oriented video words [C] //2013 12th International Conference on Document Analysis and Recognition, Washington, DC, USA, IEEE, 2013: 413-417.

[201] Mangla P, Kaur H. An end detection algorithm for segmentation of broken and

touching characters in handwritten Gurumukhi word ［C］//International Conference on Reliability, Noida, India, IEEE, 2015: 1-4.

［202］Congedo G, Dimauro G, Impedovo S, et al. Segmentation of numeric strings ［C］//Proceedings of 3rd International Conference on Document Analysis and Recognition, Montreal, QC, Canada: 1995: 2: 1038-1041.

［203］Fukushima K. Neocognitron: A self-organizing neural network model for a mechanism of pattern recognition unaffected by shift in position ［J］. Biol. Cybern, 1980, 36 (4): 193-202.

［204］Krizhevsky A, Sutskever I, Hinton G E. Imagenet classification with deep convolutional neural networks ［C］//Advances in neural information processing systems, Lake Tahoe, Nevada, Curran Associates Inc. , 2012: 1097-1105.

［205］Wolterink J M, Leiner T, Viergever M A, et al. Automatic coronary calcium scoring in cardiac CT angiography using convolutional neural networks ［J］. Med. Image Anal. , 2016, 34 (October): 123-136.

［206］Guo Y, Yu L, Oerlemans A, et al. Deep learning for visual understanding: A review ［J］. Neurocomputing, 2016, 187 (C): 27-48.

［207］Ahammed M. Probabilistic estimation of remaining life of a pipeline in the presence of active corrosion defects ［J］. Int. J. Press Vessels Pip, 1998, 75 (4): 321-329.

［208］Coramik M, Ege Y. Discontinuity inspection in pipelines: A comparison review ［J］. Measurement, 2017, 111 (12): 359-373.

［209］中华人民共和国行业标准 . 石油天然气钢质管道无损检测 . SY/T 4109 ［S］. 北京: 中国标准出版社, 2013.

［210］中华人民共和国行业标准 . 金属熔化焊对接接头射线检测技术和质量分级 . DL/T821 ［S］. 2017.

［211］Pressure vessel code section V nondestructive examination. The American Society of Mechanical Engineers ［S］. 2013. USA

［212］ASME. 锅炉及压力容器规范 . 无损检测 ［S］. 北京: 中国标准出版社,

2013.

［213］ Duda R O, Hart P E. Use of the Hough transformation to detect lines and curves in pictures ［J］. Commun ACM, 1972, 15 (1)：11-15.

［214］ Ballard D H. Generalizing the hough transform to detect arbitrary shapes ［J］. Pattern Recognit, 1987, 13 (2)：714-725.

［215］ Canny J. A computational approach to edge detection ［J］. IEEE Trans Pattern Anal Mach Intell, 1986, 8 (6)：679-698.

［216］ Suyama F M, Delgado M R, Dutra da Silva R, et al. Deep neural networks based approach for welded joint detection of oil pipelines in radiographic images with Double Wall Double Image exposure ［J］. NDT & E Int, 2019, 105：46-55.

［217］ Fioravanti C C B, Centeno T M, Delgado M R D B D S. A deep artificial immune system to detect weld defects in DWDI radiographic images of petroleum pipes ［J］. IEEE Access, 2019, 7：180947-180964.

［218］ Goyal B, Lepcha D C, Dogra A, et al. A weighted least squares optimisation strategy for medical image super resolution via multiscale convolutional neural networks for healthcare applications ［J］. Complex Intell Syst, 2021.

［219］ 刘宝玉. GNSS/MEMS INS 深组合导航及其完好性监测 ［D］. 上海：上海交通大学, 2019.

［220］ Mery D. Automated detection of welding discontinuities without segmentation ［J］. Mater Eval, 2011, 69 (6)：657-663.

［221］ Jia Z, Wang T, He J, et al. Real-time spatial intersecting seam tracking based on laser vision stereo sensor ［J］. Measurement, 2020, 149 (1)：106987.

［222］ 徐琪. 一种新的纹理描述方法及其应用 ［D］. 上海：复旦大学, 2011.

［223］ Gabor D. Theory of communication. Part 1：The analysis of information ［J］. Journal of the Institution of Electrical Engineers-Part Ⅲ：Radio and Communication Engineering, 1946, 93 (26)：429-441.

［224］ 曹建农. 图像分割的熵方法综述 ［J］. 模式识别与人工智能, 2012, 25 (006)：958-971.

[225] 贾丽娜. 低剂量 X-CT 图像质量改善的后处理方法研究 [D]. 太原: 中北大学, 2019.

[226] Kumar I, Bhatt C, Singh K U. Entropy based automatic unsupervised brain intracranial hemorrhage segmentation using CT images [J]. J King Saud Univ. Comput Inf. Sci. , 2020:

[227] Wu X J, Zhang Y J, Xia L Z. A fast recurring two-dimensional entropic thresholding algorithm [J]. Pattern Recognit, 1999, 32 (12): 2055-2061.

[228] Kullback S, Leibler R A. On information and sufficiency [J]. Ann Math Statist, 1951, 22 (1): 79-86.

[229] Li L Z, Tong C S, Choy S K. Texture classification using refined histogram [J]. IEEE Trans. Image Process, 2010, 19 (5): 1371-1378.

[230] Goldberger J, Gordon S, Greenspan H. An efficient image similarity measure based on approximations of KL-divergence between two gaussian mixtures [C] //Proceedings of the Ninth IEEE International Conference on Computer Vision (ICCV'03) Nice, France, IEEE, 2003: 487-493.

[231] Speech CommunicationXie F L, Soong F K, Li H F. Voice conversion with SI-DNN and KL divergence based mapping without parallel training data [J]. Speech Commun. , 2019, 106: 57-67.

[232] 欧书华, 刘学军, 张礼. 基于 KL 散度的 RNA-Seq 数据差异异构体比例检测 [J]. 计算机工程与科学, 2017 (1): 158-164.

[233] Scholkopf B, Smola A J, Muller K. Nonlinear component analysis as a kernel eigenvalue problem [J]. Neural Comput, 1998, 10 (5): 1299-1319.

[234] Tabibian S, Akbari A, Nasersharif B. Speech enhancement using a wavelet thresholding method based on symmetric Kullback-Leibler divergence [J]. Signal Process, 2009, 106: 184-197.

[235] Ling Z H, Dai L R. Minimum kullback-leibler divergence parameter generation for HMM-Based speech synthesis [J]. IEEE Trans Audio Speech Lang Process, 2012, 20 (5): 1492-1502.

[236] Basseville M. Distance measures for signal processing and pattern recognition

[J]. Signal Process, 1989, 18 (4): 349-369.

[237] Li L, Tong C S, Choy S K. Texture classification using refined histogram [J]. IEEE Trans Image Process, 2010, 19 (5): 1371-1378.

[238] Chang Y S, Gao J M. Tamper detection in pipeline girth welding based on radiographic images [J]. Measurement, 2021, 167: 108436.

附录 A　图像评估公式卡片

名称	数学表达式	
MAE （Mean Absolute Error） 平均绝对误差	$$MAE = \frac{1}{m \times n} \sum_{i=1}^{m} \sum_{j=1}^{n} |a(i,j) - e(i,j)|$$	$a(i,j)$ 和 $e(i,j)$ 是图像的第 i 行和第 j 列的像素值；m 和 n 分别表示图像的宽度和高度
MSE （The Mean Square Error） 均方差	$$MSE = \frac{1}{m \times n} \sum_{i=1}^{m} \sum_{j=1}^{n} (a(i,j) - e(i,j))^2$$	
PSNR （Peak signal to noise ratio） 峰值信噪比	$$PSNR = 10 \log_{10} \frac{(2^n - 1)^2}{MSE}$$	本书使用 8 位深度图像；因此，阈值：therefore，$n = 8$
SSIM （The structural similarity index） 结构相似指数	$$SSIM(m,n) = [l(m,n)]^{\alpha} [c(m,n)]^{\beta} [s(m,n)]^{\gamma}$$ $$l(m,n) = \frac{2\mu_m \mu_n + C_1}{\mu_m^2 + \mu_n^2 + C_1}$$ $$c(m,n) = \frac{2\sigma_m \sigma_n + C_2}{\sigma_m^2 + \sigma_n^2 + C_2}$$ $$s(m,n) = \frac{\sigma_{mn} + C_3}{\sigma_m \sigma_n + C_3}$$	$\alpha > 0$，$\beta > 0$，和 $\gamma > 0$ 参数被用来调整三个组件的相对重要性，和 m 和 n 是图像补丁；C_1，C_2，C_3 是常数，μ_m，μ_n，σ_m，σ_n，σ_{mn} 局部样本均值和标准差的 m 和 n

附录 B 算 法

附录 B-1 管道焊缝射线图像倾斜检测算法

Input：binary RT weld image(I)

Output：tilt angle of RT image (θ)

z_1，z_2 are the size of the I

for $i = (1 : z_2)$

$a = \max(\mathrm{find}\,(I\,(:,\; i)))$；

$b = \min(\mathrm{find}\,(I\,(:,\; i)))$；

$c = (a+b)/2$；

$c = \mathrm{round}(c)$；

end for

$z_{3 = 1 :}\, z_2$

A = polyfit(c, z_3, 1)；

z = polyval(A, z_3)；

F = $['y =' \mathrm{poly2str}(f,'x')]$；%拟合直线方程

$\theta = \mathrm{atan}(A(1))$；

$\theta = \mathrm{rad2deg}(\theta)$；%弧度转换

$\theta = \mathrm{num2strh}(\theta)$；%字符转换

disp($[F;\; \theta]$)；% 输出显示

end

附录 B-2   **管道焊缝区域提取算法**

Input：RT weld image with rectification (I)

Output：Weld area image (I_w)

I is DR weld image with rectification

I_b is binary image of I

z is number of columns of I_b

for $i = (1: z)$

$a = \max(\text{find}(I_b(:, i)))$;

$b = \min(\text{find}(I_b(:, i)))$;

end for

$c_{=1: z}$

$A = \text{polyfit}(a, c, 1)$;

  Fit line $a' = \text{polyval}(A, c)$; % Fit line

for $i = (1: z)$

  $d(i) = (abs(a(i) - a'(i)))/abs(a(i) - b(i))$;

end for

$D = \max(d)$;   %D value

 $x = \text{find}(d == D)$;   %圆心横坐标

$y = (a(x) + b(x))/2$;   %圆心纵坐标

 $r = abs(a(x) - b(x))/2$ %圆的直径

 circle_mask = (find(circle<=$r * r$)) = 1);

 circle_mask = (find(circle>$r * r$)) = 0);

$I_w = I. * $ circle_mask;   %焊缝区域

end

附录 B-3   **图像边缘去噪和字符分割**

Input：RT weld images ($p5$)

Output：image without noise and character with label ($p6$)

m, n are the size of the $p5$

  $k = 1.8\% \times \min(m, n)$

for $i=(1:k)$ $j=(1:k)$

$p5$ $(m+1-i,:)=0$;

$p5$ $(:,n+1-j)=0$;

end for

num = Number of CR (connected objects) in $p5$

for $i=1$: num

  while $p5(:)\neq 0$ **do**

    $CR_i=CR_i*i$

  end while

  StrokeIndex $[row\ column]$ $=$ find$(p5==i)$;

  $a_i=$ max of row; $b_i=$ min of $column$;

  $c_i=$ min of row; $d_i=$ max of $column$;

  $[a_ib_i]$ is the lower left of $rectangle_i$;

  $[c_id_i]$ is the upper right of $rectangle_i$

  label the CR_i with $rectangle_i$

end for

end iteration, Save the character

end

附录 B-4	字符图像倾斜角度检测

Algorithm 1 Find the Image's Tilt Angle

Input: Grey image of the Character from the RT Image I

Output: Normal Character Image without Tilt

  $f(x,y)$ is the matrix of I

$R[m,s]$ is the Radon transform of $f(x,y)$ at the angle θ (-90 to 89 degrees)

m is the integral value, s is the distance from the origin to the ray

for $i=(1:\theta)$, $n=$ size(s)

$T=$ fix$(n*t\%)$ (t is threshold)

$B=sort(m(:,i),'descend')$;

$B_{\max}(i) = B(1: T)$;

$S_1(i) = \text{sum}(B_{\max})$;

end for

for $j = 1: \theta$

$S_2(j) = \text{sum}(S_1(j-2 : j+2))$;

end for

Tilt angle of $I = \text{find}(S_2 == \max(S_2))$

Rotate the I with 90− Tilt angle

end